Handbook for environmental
design in regulated salmon rivers

筑坝河流
鲑鱼保护环境设计手册

［挪威］托尔比约恩·福塞斯　阿特勒·哈比　著

吴赛男　陈靓　隋欣　译

中国水利水电出版社
www.waterpub.com.cn
·北京·

内 容 提 要

　　本手册提出了筑坝河流鲑鱼保护的环境设计理念，基于鲑鱼种群生态学、水文学、水动力学和电力生产运行等学科，提供了一个评估筑坝河流当前环境基础的综合方案，介绍了兼顾鲑鱼种群保护和电力生产效益的优化方案所涉及的方法，包括筑坝河流中鲑鱼种群生境的分析与评估、改进措施和实施方法等内容。

　　本手册能够为水电行业与公司、公共部门及利益相关方提供可利用的系统化方法、工具和方案，不仅可为公共部门开展环境影响评价提供重要的基础，也可以利用到水电行业与公司的常规调查工作中。本手册不仅适用于鱼类专业人员阅读，也适用于所有关注和影响河流环境的人们参考。

图书在版编目（CIP）数据

　　筑坝河流鲑鱼保护环境设计手册 ／（挪）托尔比约恩·福塞斯，（挪）阿特勒·哈比著；吴赛男，陈靓，隋欣译. -- 北京：中国水利水电出版社，2017.8
　　书名原文：Handbook for environmental design in regulated salmon rivers
　　ISBN 978-7-5170-5951-6

　　Ⅰ. ①筑… Ⅱ. ①托… ②阿… ③吴… ④陈… ⑤隋… Ⅲ. ①鲑属－产卵洄游－环境设计－手册②水力发电站－建筑设计－手册 Ⅳ. ①TU-856②TV7-62

　　中国版本图书馆CIP数据核字(2017)第254459号

书　　名	**筑坝河流鲑鱼保护环境设计手册** ZHUBA HELIU GUIYU BAOHU HUANJING SHEJI SHOUCE
原　　著	［挪威］托尔比约恩·福塞斯　阿特勒·哈比
译　　者	吴赛男　陈靓　隋欣
出版发行	中国水利水电出版社 （北京市海淀区玉渊潭南路1号D座　100038） 网址：www.waterpub.com.cn E-mail：sales@waterpub.com.cn 电话：(010) 68367658（营销中心）
经　　售	北京科水图书销售中心（零售） 电话：(010) 88383994、63202643、68545874 全国各地新华书店和相关出版物销售网点
排　　版	中国水利水电出版社微机排版中心
印　　刷	北京印匠彩色印刷有限公司
规　　格	148mm×210mm　32开本　3.125印张　78千字
版　　次	2017年8月第1版　2017年8月第1次印刷
印　　数	0001—1000册
定　　价	**20.00元**

前 言

　　本手册是"筑坝河流环境设计实践"（EnviDORR）项目最重要的成果，用一句话概括即是"更多鲑鱼，更多电力"。本手册是将鲑鱼生长繁殖和电力生产统筹考虑的有益尝试。研究团队由生物学、水文学和水利水电工程等领域富有创新精神的专家学者共同组成。尽管如此，电力生产、环境因素和鲑鱼种群动态变化之间的复杂关系仍需要进一步补充完善。本手册仅将目前所知编著成书。随着研究工作的不断深化，现有成果经实践检验后，将再次应用于实践。

　　可再生能源环境设计中心（CEDREN，Centre for Environmental Design of Renewable Energy）于 2009 年成立，主要开展水电、风电、输送通道的技术及环境发展跨学科研究，并开展环境与能源政策实施研究。CEDREN 由挪威研究理事会和能源公司资助，是环境友好型能源研究中心（CEER）计划的一部分。CEER 计划主要关注可再生能源与环境领域的挑战性国际难题。

　　EnviDORR 项目得到了挪威研究理事会"RENERGI"计划资助，是 CEDREN 中心业务之一。EnviDORR 项目也得到了有关政府部门和水电企业的资助与技术支持。在此，向合作伙伴和组织表示衷心感谢！挪威自然研究所（NINA）和挪威科技大学（NTNU）是

SINTEF 能源研究的重要合作伙伴。多家能源公司、挪威和国际科技研究所及大学也是本项目的合作者。

感谢挪威国家电力公司、阿格德能源公司、BKK、E - CO Vannkraft、Sira - Kvina kraftselskap、TrønderEnergi、Energi Norge（包括其成员企业）、挪威水资源和能源理事会、挪威环境局（原挪威自然管理理事会）。

本手册的共同作者有：Ola Ugedal[1]，Ulrich Pulg[2]，Hans - Petter Fjeldstad[3]，Grethe Robertsen[1]，Bjørn Barlaup[2]，Knut Alfredsen[4]，Håkon Sundt[3]，Svein Jakob Saltveit[5]，Helge Skoglund[2]，Eli Kvingedal[1]，Line Elisabeth Sundt - Hansen[1]，Anders Gravbrøt Finstad[1]，Sigurd Einum[4] 和 Jo Vegar Arnekleiv[4]。

除了共同作者，编者特别感谢 Maxim Teichert，Lena S. Tøfte，Arne J. Jensen，Nils - Arne Hvidsten，Sven Erik Gabrielsen 和 Julie Charmassons 所做的贡献，是他们的努力使本手册质量得到了提升和完善。感谢我们的合作伙伴，在书稿撰写初期提出了大量的建设性意见。CEDREN 科学委员会在项目研究过程中给予了重要的指导意见，特别是 Klaus Jorde 和 Daniel Boisclair，在此一并致谢！感谢 Jostein Skurdal 对校对工作的辛勤付出！

Torbjørn Forseth

Lillehammer，2013 年 9 月

---

[1] NINA，挪威自然研究所。

[2] Uni Miljø，Uni 环境研究所。

[3] SINTEF，SINTEF Research Institute.

[4] NTNU，挪威科技大学。

[5] UiO，奥斯陆大学。

关于本手册

    本手册介绍了兼顾水电站发电条件下，筑坝河流鲑鱼保护措施的设计、运行与评价。筑坝河流鲑鱼保护环境设计旨在为鲑鱼种群创造有利于其生长的环境条件。本手册可供从事筑坝河流鲑鱼保护领域的科技工作者、水电企业管理人员，以及相关专业从业人员参考。行业主管部门可根据手册开展规划工作；水电企业管理人员可根据手册改善鲑鱼现场调查工作。编者衷心希望本手册可为读者提供一个全新的视角，综合考虑水电站电力生产与鲑鱼种群保护。

    水力发电改变了河流的天然特性，影响了鲑鱼种群的生存环境，因而需要设计和实施筑坝河流鲑鱼保护环境设计方案。在挪威水电项目中，有些项目对鲑鱼种群产生较大负面影响；而有些项目对鲑鱼种群数量的影响较小或无影响；另有少数案例显示，筑坝后河流中的鲑鱼数量有所增加。出于对社会和政治等因素的考虑，需要减少大坝的数量，以便减轻对鲑鱼种群的负面影响。但是，发展水电是应对全球气候变化，实现碳减排目标的根本途径。因此，兼顾水电站电力生产和改善河流环境尤为重要。挪威政府致力于将水电企业增效扩容申请与河流环境状况改善相结合，对已实施河流环境保护的水电企业优先发放许可证。本手册是将鲑鱼生长繁殖与电力生产统筹考虑的有益尝试。手册不仅适用于鲑鱼，也适用于褐鲑鱼等其他鱼类。

本手册涵盖 CEDREN 研究中心 EnviDORR 项目的部分成果。EnviDORR 项目由挪威研究理事会的"RENERGI"计划资助，也得到了有关政府部门和水电企业的大力支持。项目研究填补了环境保护设计领域多项空白。实践案例表明，基础科学知识与生态学、水文学、电力生产管理的跨学科合作，可以获得兼顾鲑鱼保护和电力生产的设计方案。本手册也吸收了挪威及世界其他国家有关鲑鱼生长环境和种群动态变化的相关研究成果。近一个世纪以来，挪威鲑鱼研究在世界范围内处于领先地位，参加本项目的专家也始终处于领域前沿。在过去的 50 年中，各种研究机构针对筑坝河流中的鲑鱼种群保护已经开展了多项研究。这些研究机构在水文学和水力发电工程方面专业性很强。近年来，随着环境设计概念的提出，跨专业的科研合作项目越来越多，并专门成立了综合性研究实体：CEDREN 研究中心。

尽管鲑鱼种群动态变化与环境因子之间的复杂关系仍需深入研究，但本手册基于现有成果提出的河流生态环境保护与电力生产协调发展建议，不仅符合电力生产许可证发放、欧盟水框架指令和相关法律要求，也可为政府和企业管理提供技术支撑。通过建立水文与生态之间的响应关系，本手册识别和评价了影响鲑鱼生长繁殖的关键因素。同时，本手册的部分内容源于 EnviDORR 项目内部研讨会和相关专业机构的学术讨论。

筑坝河流鲑鱼保护环境设计概念的提出经历了不断创新的过程。这个概念已应用于多个河流案例，本手册收录了可经受实践和时间检验的设计方案。本手册为第一次印刷，随着研究与实践的深入，必要时将进行修订。

为了提高内容的易读性，而非一本深奥的专业教科书，编者删除了手册中大量引文和详细的科学论证。如需了解这些基础知识，请详见参考文献。同时，编者搜集了一些与本手册主题密切相关的鲑鱼种群数量最新信息。

本手册包括两部分内容，第一部分是诊断，第二部分是设计方案。两部分均详细介绍了采用的方法。

总体上，本手册提供了一个基于鲑鱼种群生态学、水文学、水动力学和电力生产运行的跨学科鲑鱼保护综合设计方案，可用于评价筑坝河流环境现状，并能够给出兼顾鲑鱼种群保护和电力生产的河流保护优化设计方案。

同时，EnviDORR 项目也开展了鲑鱼双向洄游过鱼设施研究，但并未纳入本手册。本手册假设：成年鲑鱼的溯河洄游通道、初次由河入海的幼鲑降河洄游通道以及越冬鱼群的半洄游通道均畅通。

此外，CEDREN 也关注水电运行调度过程中水位和流量的快速频繁波动对鲑鱼种群的影响（EnviPEAK 项目）。相关研究结论和减缓措施建议将纳入 EnviPEAK 项目报告，本手册不再赘述。

致读者

　　图 1 为环境设计概念结构框架，有利于读者更好地理解筑坝河流鲑鱼保护环境设计过程。本手册由两章组成。第 1 章是诊断，第 2 章是设计方案及实施。

　　第 1 章　诊断。首先是数据收集，包括栖息地条件、水文条件、鲑鱼种群、电力生产系统数据信息等。然后对上述数据信息分类汇总，并形成汇总表。在汇总表中识别影响鲑鱼生长和繁殖的栖息地和水文约束因素，并进行排序，同时考虑电力生产调度对鲑鱼的影响。最后把数据采集和分析方法单独列出，便于绘图、调查及影响评估。

　　第 2 章　设计方案及实施。通过单独的栖息地和水文措施可实现鲑鱼的保护。但是，最好的保护方案往往是各种措施的组合，通过权衡水资源利用成本和鲑鱼种群保护之间的利弊，实现水资源的充分利用。在某些案例中，栖息地措施取代了昂贵的水资源利用计划；而在另一些案例中，电力生产系统的增效扩容提供了更好的水资源利用条件。有几个工具有助于实现最优水资源利用设计方案（在正确的时间和正确的地点设计正确的保护方案），并可用于不同设计方案的影响评估，详见章节 2.4 保护方法。

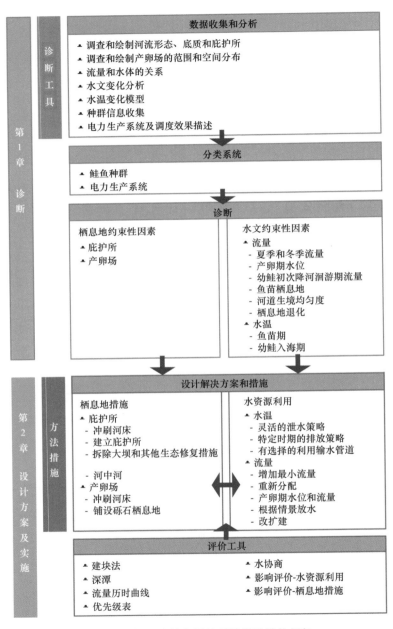

图 1　筑坝河流鲑鱼保护环境设计结构框架

术 语 和 定 义

以下术语和定义适用于本手册。

河域（River reach）：河流的一部分，相同河域受人工调度的影响相对一致，具有相似的流量和水温条件。

河段（River segment）：河域的一部分（一般长 500～1000m），具有相对统一的生境条件，并对鱼群的运动不造成任何障碍。

栖息地（Habitat）：河流和河床中为鱼类生长和繁殖提供的自然空间。

流量调出河域（Residual flow reach）：河水流量调出，没有泄流要求的河域。

最小流量河域（Minimum flow reach）：河水流量减小或调出，且有泄流要求的河域。

下游河域（Downstream reach）：位于水电站下游的河域，河流的出口流量取决于水库或河流管理操作规定，呈现：①近自然状态；②季节性重新分配；③增加和季节性重新分配状态。

产卵水位比率（Spawning water level ratio）：产卵期的平均水位（cm）与冬季最小周平均水位（或日平均水位）的比值。

冬季（Winter）：当年秋季平均温度低于 6℃后至次年春季平均温度高于 6℃前的时间段。

幼鲑初次入海期（Smolt migration period）：在每年春季大约 4 周的时间内（开始时间每年会有所不同），数量巨大的幼鲑从河流游向大海。

生长期（Growth period）：鲑鱼生长最快的 4～6 周，鱼苗生长期一般为游到上游后，仔鱼生长期一般为春季气温上升后。

种群约束（Population bottlenecks）：一个广义的概念，用来描述河流中造成鲑鱼种群规模减小的环境因素。既包括密度约束因素（在特定时期内导致种群规模的大量减少），也包括一些作用强度和种群密度无关的环境因素（也称为"约束因素"）。

鱼苗（Salmon fry）：河流中的鲑鱼受精卵经过发育孵化，在翌年夏季时长成鱼苗。

仔鱼（Salmon parr）：鲑鱼的幼年时期称为仔鱼，比鱼苗略大。

稚鲑（Pre - smolt）：仔鱼经过生长到秋季成为稚鲑，个体已经接近于次年春季从河流游向大海的幼鲑。

目　　录

绪言　影响鲑鱼生长繁殖的重要因素

种群密度约束是种群自我调节的重要机制，通常表现为趋向于接近最大承载力，这是生态学的重要原理之一，也是本手册中所有方法和分类系统依据的原理。种群调节是指控制生物种群规模的过程。生物具有很强的繁殖力，但由于自然界存在多种制约生物种群的客观因素，任何自然种群都不能无限增长。鲑鱼生长和存活的约束因素包括物种本身（种群密度）和资源环境（食物资源和栖息地环境条件等）。如果种群密度增加并超过环境的承载能力时，其生长和存活率将降低，数量随之下降，以适应环境承载力。此时，密度为种群的约束因素。这种约束性可能会出现在鲑鱼生活史的不同阶段（产卵期、鱼苗期、仔鱼期）。由于每一个种群和每一条河流都是独一无二的，所以确定"种群调节期"（鱼类生活史中种群调节发生的时期）以及每条河流和河域中的约束性资源是很有必要的。

最新研究表明，种群调节机制仅限于河段范围，远小于河流尺度。如鱼苗的游动能力有限，只有在产卵场及其周边，种群密度才较大。受密度约束因素影响的鱼苗，其死亡率也较高，离开产卵场一定距离后，几乎很少或没有鱼苗的存在。可见，产卵场的范围及分布对鱼苗生长有重要的影响。

对于仔鱼而言，石砾间或者植物枯枝根茎间的缝隙处能让它们躲避天敌的捕食，减少能量的消耗，这些缝隙是仔鱼天然的庇护场所。尽管仔鱼的游动能力随着发育比鱼苗有所提高，但仍十分有限，它们只能游动到离产卵场较近的庇护场所。因此，这些区域的仔鱼种群密度较大。受密度约束因素影响，这些仔鱼增长率降低，死亡率升高，而其他区域的仔鱼种群密度却低于环境承载力。可见，庇护所的范围和空间分布对仔鱼的生长有着重要影响。因此，一条理想的适合鲑鱼生存的河流，应该能够提供足够大，且分布均匀的产卵场，以及足够的易于仔鱼藏身的庇护所。在上面两种情况中，产卵场和庇护所的范围和分布分别代表了鲑鱼种群在鱼苗期和仔鱼期的约束因素，被称为栖息地约束。

此外，水文要素对鱼类种群密度的影响也至关重要，进而影响鲑鱼的生长和繁殖，我们称之为"水文约束"。很显然，河流的流量决定了水域面积的大小，进而影响水域内的鱼类种群密度。流量大，则水域面积大，鱼类种群呈低密度分布；流量小，则水域面积小，鱼类种群密度升高（假设其他因素保持不变）。冬季和夏季的低流量期鱼类受水文约束的影响较大，种群密度增大，死亡率增加，种群数量减少。

其他环境因素（通常称为非密度制约因素或约束因素）也会对种群数量起约束作用，但作用强度与种群密度无关。密度约束因素和非密度约束因素有时并不能完全区分，许多因素即是非密度约束因素（比如洪水事件，可能会导致刚孵化的鱼苗死亡），也包括密度约束因素（比如在洪水来临之前鱼苗躲进了庇护所）。二者区别的基本原则在于，密度约束因素对种群调节起作用是靠改变河流承载力来实现的，如水温、流态、营养物质输送等的年际变化会导致河流承载能力的变化。本手册涵盖了所有影响鲑鱼生长和繁殖的约束因素，包括密度约束因素和非密度约束因素。

1　诊断

诊断阶段将分别评价鲑鱼种群和发电系统，识别鲑鱼种群的约束因素，以及电力生产系统的约束因素和机会。这个阶段将对每个单因素逐一进行评价。河域和河段的划分见图 1.1，一条河流可细分为若干个河域，河域是具有统一水文条件的单元；河域进一步细分为若干河段，河段以栖息地为基础，栖息地是指河流和河床中的自然状态。

河域是河流的一部分，同一河域受电力生产调度的影响相对一致，具有相似的流量和水温条件等。因此，河域内不应该包括发电厂排水口和进水口、大坝以及重要支流。根据河域的规模和长度，可细分为 500～1000m 若干河段。小型河流中河段长度可以划分得更短些。河段划分的标准如下：

（1）一个河段中不得存在妨碍仔鱼迁移的障碍物，例如仔鱼很难逾越的强大的急流或小瀑布。

（2）底质和庇护所等栖息地分布尽可能均匀（章节 1.3.2）。例如，一个河段内不能出现河床底质由大卵石到沙质的明显变化，也不能出现庇护所和裸露岩石的明显转变。

对河域和河段的划分，首先在航片（正射影像）中圈出，并进一步在栖息地分布图和河流分类图中确定。这种划分方式适用于本手册中所有生物学、栖息地、水文数据的采集和分析。

后续章节将介绍如何绘制、调查、评估鲑鱼种群和电力生产系统。

照片 1.1　Anders G. Finstad 拍摄

1.1 鲑鱼种群

诊断的主要目的在于识别影响鲑鱼生长和繁殖的栖息地约束因素和水文约束因素，也包括栖息地和水文之间相互作用产生的约束因素。首先确定鲑鱼种群所处的调节阶段，可采用的方法包括测绘栖息地生境条件、基于种群调查数据的水文学分析等。密度约束因素可能出现在鲑鱼生活史的不同阶段（产卵期、鱼苗期、仔鱼期）。由于每一个种群和每一条河流都是独一无二的，所以确定种群调节阶段和每条河流中的约束性资源很有必要。

1.1.1 栖息地约束因素

栖息地测绘可确定栖息地约束和种群调节阶段。测绘内容包括两个最重要的栖息地要素：可用的庇护所范围（章节 1.3.1）和产卵场（章节 1.3.2）。测绘过程中，需沿着整个河域测量这两个要素的总长度和空间分布，并在地图上标注，以作为后续评估的基础资料（图 1.1）。

产卵场分布对鲑鱼繁殖具有重要的影响。由于鱼苗游动能力有限，产卵场周边鱼苗的种群密度，以及受密度约束因素影响的鱼苗死亡率可能较高。但是，在距产卵场一定距离外，几乎很少或没有鱼苗的存在。表 1.1 列出了产卵场分类标准，按照所有河段之间产卵场的平均距离和各河段中产卵场的面积，将产卵场分为三个等级。这个等级标准可根据挪威河流实验的数据调整，适用于每个河段。

庇护所数据为实测值，庇护所分类基于河段实测数据的平均值（表 1.2），河域内种群分布基于河域内每个河段的庇护所数据。

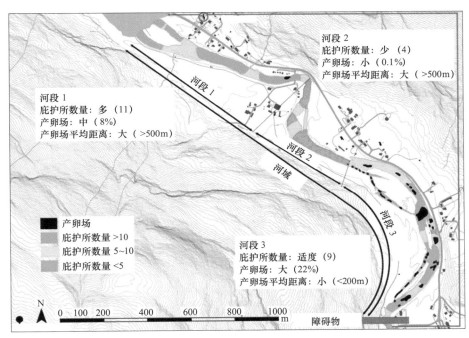

图 1.1　河流中河域和河段的划分、产卵场和庇护所的标注

照片 1.2　Ulrich Pulg 摄

表 1.1　产卵场分类标准

所有河段之间产卵场的平均距离	产卵场面积大小占整条河流的比例		
	小（<1%）	中（1%～10%）	大（>10%）
大（>500m）	小	小	中
中（200～500m）	小	中	大
小（<200m）	中	大	大

表 1.2　庇护所分类标准

庇护所数量（深度加权值）		
少	适度	多
<5	5～10	>10

基于产卵场和庇护所大小和空间分布的测绘及分类（表1.1、表1.2），可基本确定种群调节阶段（表1.3），估算河流中鲑鱼的繁殖能力，明确产卵场和庇护所是否为影响种群生长和繁殖的栖息地约束因素（表1.4）。

表 1.3　确定种群调节阶段

庇护所	产卵场		
	小	中	大
少	鱼苗＋仔鱼	仔鱼＋鱼苗	仔鱼
适度	鱼苗	鱼苗＋仔鱼	仔鱼
多	鱼苗	鱼苗	未知

注　鱼苗是指受精卵孵化后第一年夏季时的个体，仔鱼是鲑鱼幼年时期的统称。当产卵场和庇护所的条件都很好时，种群调节也会发生，此时约束因素标记为"未知"。

表 1.4　确定河段内鲑鱼的生产能力

庇护所	产卵场		
	小	中	大
少（<5）	两者兼有	庇护所	庇护所
适度（5～10）	产卵场	两者兼有	庇护所
多（>10）	产卵场	产卵场	无

注　蓝、黄和绿色分别代表生产能力低、中等和高。约束因素为产卵场或庇护所，或两者兼有。"无"表示产卵场和庇护所都不是重要的约束因素。

影响鲑鱼生长和繁殖的栖息地约束因素，不仅是产卵场和庇护所的范围和空间分布，两者之间的空间距离和联系也很重要。主要原因在于，鱼苗和仔鱼的游泳能力有限，只能在孵化场周围短距离内游动（尤其是鱼苗）。如果河流或河域内产卵场和庇护所之间的距离过大，可能导致较低的鱼类产量。最优的鱼类栖息地环境要求每条河段内均分布产卵场和庇护所。表1.4仅针对一个河段，河流层面鲑鱼生产能力及栖息地约束见表1.5。

表1.5 河流层面鲑鱼生产能力及栖息地约束表示

河　段	生产能力	栖息地约束
1	低	庇护所
2	低	庇护所
3	中	产卵场
4	低	庇护所
5	高	产卵场
6	高	无
7	高	无
8	高	无
…	高	无

1.1.2　水文约束因素

大坝拦蓄河流改变了原有自然生态系统的组成与结构，阻断了河流物质与能量循环，给河流带来潜在影响。鲑鱼的生长和繁殖需要一定的流量、水温和流速等水文条件，种群调节的关键阶段中，这些因子的变化直接影响鲑鱼的数量和质量，是鲑鱼生长和繁殖的水文约束因素。由于河域是具有统一的水文条件（流量和水温）的单元，与栖息地约束的基于河段尺度不同，水文约束的描述和分类需面向更大的空间尺度（河域尺度）。用于判断鲑鱼生长和繁殖水文约束的工具包括：①水域与流量关系分析（章

11

节 1.3.3）；②水文变化分析（章节 1.3.4）；③水温变化模型（章节 1.3.5）；④温度变化导致的种群变化模型（章节 1.3.6）。

1.1.2.1 流量

水域是河流中鲑鱼生长和繁殖的基础。水域面积与流量有关，形状取决于河床纵横剖面，水域特征分析基于河段层面。假定某一水域的短时流速不超过孵化鱼苗生存所需的临界阈值，水域面积和鲑鱼产量之间存在正相关，即水域面积增加 20％，则鲑鱼产量同比增加 20％。这种假设的前提条件是，增加的水域能够提供与原有水域相同质量的栖息地条件。流量与水域面积之间的相关关系可用于鲑鱼生长和繁殖的影响程度分级（表 1.6）。

分级标准可以涵盖河段、河域和河流层面。如果流量变化导致水域面积变化显著，就表明流量是河流中影响鲑鱼生长和繁殖的关键约束因素之一。反之，流量则不是关键约束因素。

表 1.6　流量对鲑鱼生长和繁殖影响程度分级标准

流量变化引起的水域面积变化	对鲑鱼生长和繁殖的影响程度
微小变化	较弱
中等变化	中等
重大变化	严重

由于流量和水域面积具有年际和年内变化，水文变化分析（章节 1.3.4）需要识别流量与水域面积改变的发生时间和持续时间。影响鲑鱼产量的关键因子是夏季和冬季的低水位期流量，以及产卵水位比率（产卵期的平均水位与冬季最低平均水位的比值）。主要原因在于，夏季和冬季的低水位期河流流量降低，水域面积减少，鲑鱼种群密度增加，导致增长率下降，存活率降低。同时，鱼类产卵期的高流量与冬季的低流量，导致鱼卵和鱼苗的搁浅和死亡。假设高流量、低流量、产卵水位比率这三个因素持续一周就足以对鲑鱼生长和繁殖产生负面影响，因此水文变

化通常采用周平均流量数据进行分析。假设鲑鱼种群对环境的适应早于筑坝对河流的人工调节，可通过对比筑坝前后夏季和冬季的最低周平均流量，开展水文变化分析。示例见图 1.2，柱状图左起第一列表示低于 $1.5\text{m}^3/\text{s}$ 的最低周平均流量在一年中出现的次数，第二列表示 $1.5\sim2.5\text{m}^3/\text{s}$ 的最低周平均流量在一年中出现的次数，依此类推。如果所调查的河域在这期间有明显的流量峰值，则需要进一步分析。此外，对可能存在地下水涌出的河域要开展地下水调查，原因在于，冬季低流量期如果存在地下水从产卵场砾石间涌出，可以提高受精卵的成活率。

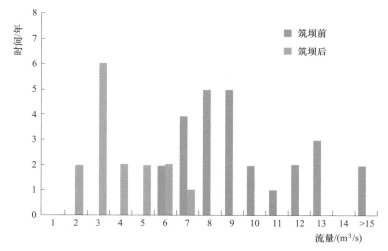

图 1.2　筑坝前后最低周平均流量频率分布示例

（挪威东阿格德尔郡 Kvinavassdraget 河）

水文变化分析的目的，是判断筑坝河流低水位期流量对鲑鱼种群生长和繁殖的影响程度（表 1.7）。有些河流在冬季存在霜冻期，这是比夏季低水位期更严重的约束因素；而有些河流冬季无霜期较长（比如挪威南部和西部的沿海低海拔地区），这种河流夏季低水位期的流量对鲑鱼种群的影响或许更为重要。

表 1.7 筑坝河流冬季和夏季低水位期流量对鲑鱼种群生长

和繁殖的影响程度分级标准

季节	最低周平均流量变化	对鲑鱼种群的影响程度
夏季	增大	积极影响
	减小<20%	无影响
	减小 20%~40%	较弱影响
	减小 41%~60%	中等影响
	减小>60%	严重影响
冬季	增大	积极影响
	减小<10%	无影响
	减小 10%~30%	较弱影响
	减小 31%~50%	中等影响
	减小>50%	严重影响

注 如果筑坝后最低流量增大，则对鲑鱼种群产生积极的影响。此表适用于天然状态下冬季流量值低的河流，对于挪威南部低海拔地区夏季流量更为关键的河流，此表内的冬季和夏季数据可以互换。

产卵水位比可用来描述产卵期的平均水位和冬季最低平均水位的关系。如果鲑鱼产卵后，河流水位明显降低，将造成部分河段减水和脱水，导致受精卵和砾石间刚孵化的鱼苗搁浅和死亡。这种影响的前提是，现有产卵场和庇护所的分布已对种群产生影响。可采用产卵水位比表示河水干枯或结冰对鱼卵存活率的影响程度（表 1.8）。某些河流，当冬季低温期和低水位期重合时，短时间内即可造成鱼卵死亡。当最低日平均水位值明显低于最低周平均水位值时，可用冬季最低日平均水位值代替冬季最低周平均水位值。

当产卵场等级调整时，分级标准也应相应调整。本分类方法适用于河段层面。

表 1.8　产卵水位比对鱼卵存活率的影响程度

水位减小量	产卵场		
	小	中等	大
<30cm	中等	较弱	无
30~50cm	严重	中等	较弱
>50cm	严重	严重	中等

注　各行表示产卵场的分布和规模，各列表示冬季最低周平均水位与产卵期平均水位的差值（多年平均值）。

前文提到，流量在某些时期（不包括短暂洪水过程）可能会很高，以至于河域内的短时流速超过了刚孵化鱼苗所能承受的临界阈值。研究表明，当流速为 0.2~0.4m/s 时，鱼苗孵化后的第一个月长势良好，流速过高或过低，都将导致鱼苗增长缓慢或者重量减轻。可见，流速是影响鱼苗生长的一个约束因素。目前，还没有简便的方法评估某一具有适宜流速的水域对鱼苗生长的影响程度，通常方法为实测或者水力学建模，但针对典型河域的建模非常耗时。本手册推荐一种简便的分类方法，即采用河道坡降和夏季常规流量条件下的河流形态因子两个指标评估鱼苗生长环境的约束程度（表 1.9），一个因子为河道坡降及沿程流速的定性描述，另一个因子为河流形态或中尺度栖息地类型（章节1.3.1）。这两个因子的分类可以是定性的和（或）定量（基于多个河流）的。这种分类方法也可应用于河域和河流层面。

表 1.9　分类描述某一具有适宜流速（小于 0.4m/s）的水域对
刚孵化鱼苗生长和存活的影响程度

河域定性描述	河　流　形　态	可能的影响程度
坡降较缓，大部分水域流速较缓	深潭和浅滩（中尺度栖息地类型仅有 C 和 D）	无
中度陡坡，水域内急流和缓流并存	缓流、深潭和浅滩（中尺度栖息地类型有 A、B1、B2、C 和 D）	低

河域定性描述	河 流 形 态	可能的影响程度
陡坡，水域内急流较多，缓流很少	缓流、急流、浅滩、深潭（中尺度栖息地类型有 A、B1、B2、E、F 和有限的 C）	中
非常陡峭的坡度和强大的急流	急流（中尺度栖息地类型仅有 E 和 F）	高

此外，春季幼鲑降河洄游期的水流条件，对幼鲑在淡水中以及进入海湾后的存活率都将产生影响。高速和不断变化的水流条件，可帮助幼鲑快速和同步迁移（持续时间相对较短，几天左右），带来幼鲑的高存活率。而缓慢平稳的水流条件下，幼鲑存活率基本保持不变。在某些河流中，水温升高是诱发幼鲑迁移入海的主要环境因素。本手册假设筑坝导致的水温变化不会对幼鲑迁移造成影响。幼鲑的初次迁移一般会在春季四周内完成，具体开始时间要根据河流实地调查或区域分布特点确定。用变异系数表示的春季四周内平均流量变化（章节 1.3.4），可以作为因子指示筑坝后降河洄游期流量变化对幼鲑存活率的影响程度（表1.10）。

表 1.10　筑坝后降河洄游期的流量变化对幼鲑存活率的影响程度

筑坝前后迁移期平均流量条件的百分比变化值	同期流量条件的变化值（用变差系数 C_V 表示）		
	>60%	10%～60%	<10%
<10%	无	较小	中等
10%～50%	较小	中等	主要
>50%	中等	主要	主要
增加	正面的	无	较小

长期而言，洪水事件发生频率降低可能导致产卵场的淤积和庇护所的堵塞，造成栖息地质量的退化。这些退化现象可以通过栖息地测绘（章节 1.3.1 和章节 1.3.2）评估，底质粗糙（岩礁

和大卵石）表明庇护所堵塞，底质粒径多为 1～10cm 且产卵量有限则表明产卵场淤积。对筑坝前后的洪水事件进行水文变化分析，可为表征洪水事件发生频率减少、栖息地环境退化带来的鲑鱼长期产量下降可能性提供数据支持（表 1.11）。

表 1.11　洪水发生频率变化导致栖息地生境退化的概率分析

洪水强度减小	洪水频率减小		
	较小	中等	较大
较小	低	中等	中等
中等	低	中等	高
较大	中等	高	高

1.1.2.2　河道

在更大空间尺度上，河流沿程水流条件和景观，均对鲑鱼种群栖息地组成产生影响。鲑鱼在其生活史中不断往返于各类必需的栖息地之间，如在越冬场与产卵场之间的季节性迁移，以及在庇护所和索饵场之间的日迁移。鲑鱼在觅食时有时会游很长的距离，昼夜间栖息地之间的洄游也很常见，主要是开阔水面到河岸带之间的短距离迁移。因此，鲑鱼个体会适应各种河流形态（中尺度栖息地生境类型，如急流和深潭等，见章节 1.3.1）。

研究表明，存在急流、深潭和浅滩等多种河流形态的河域，一般比自然环境相近的河域更适合鲑鱼生活。主要原因在于，多变的河流形态可为产卵期、鱼苗期和仔鱼期不同年龄段的鲑鱼提供适宜的栖息地环境，例如深潭是越冬和成年鲑鱼的庇护所，缓流和浅滩是鱼苗的栖息地和洪水来临时的庇护所。拦河筑坝改变了原有河流的天然状态，人工调度改变了河流的天然径流量，使年内河流流量保持相对稳定的状态，造成鲑鱼的栖息地环境趋同，进而影响鲑鱼种群的生长和繁殖。这种变化可通过筑坝前后的河流形态变化表征。表 1.12 为基于河道形态均匀度和筑坝河道形态变化，评估对鲑鱼种群生长和繁殖的影响。该表也适用于年平均流量不变，但年内各月流量发生变化，导致典型流量条件改变的河流。

表 1.12　筑坝后的河道形态均匀度对鲑鱼种群生长和繁殖的影响分析

典型流量减少		
均匀度	形态变化	潜在影响程度
低	深潭变浅变小，浅滩无变化	低
中	深潭变浅，急流变少变小，浅滩增加	中
高	深潭变浅，急流变少变小，缓流浅滩占主导	高
典型流量增加		
均匀度	形态变化	潜在影响程度
低	浅滩减少	低
中	浅滩和急流减少，激流增加	中
高	缓流浅滩和深潭减少，急流占主导	高

1.1.2.3　水温

水温是鲑鱼生长、发育及繁殖的重要影响因素，可影响鱼苗孵化率、仔鱼生长率及幼鲑初次入海前在淡水中停留的天数。低温可延长幼鲑在淡水中的停留时间，导致洄游入海的幼鲑数量减少。反之，在其他条件不变的情况下，较高的水温将增加洄游入海的幼鲑数量。筑坝前后的水温数据一般较易获得，对于没有数据的河流，可以通过模型计算（章节 1.3.5）。本手册假设：鲑鱼种群已适应筑坝前的水温条件，重点研究筑坝后水温变化对鲑鱼种群的影响。在挪威，河流水温一般较低，几乎所有关于鲑鱼生长和繁殖的水温问题都集中于水温降低带来的影响。但是，高温耦合流量下降，也对鲑鱼的生长和繁殖带来影响。

对于刚孵化的鱼苗而言，它们在淡水里度过的第一年最容易受到伤害，生长率降至较低水平。此时，水温是鱼苗的一个重要生长约束，导致鱼苗在第一个生长季的死亡率增加。低生长率造成鱼苗在冬季身体储能不足,进一步增加了死亡率。同时,低生长率增加了幼鲑的生长期,延长了幼鲑洄游入海前在淡水中的停留时间。本手册基于实测或者模型模拟水温数据(章节 1.3.5),以及鲑鱼产卵时间,应用受精卵发育模型(章节 1.3.6),估算河流筑坝前后新孵化鱼苗离开产卵场进行觅食和生长的时间,作为鱼苗生长模型的起始日期。由采样(章节 1.3.7)获得鱼苗在秋季的实际体长,确定鱼苗生长的减少程度,识别筑坝是否影响鱼苗第一个冬季的存活率,用于分析筑坝后冬季水温下降对鲑鱼种群的影响程度(表 1.13)。

表 1.13　筑坝后冬季水温的降低对鲑鱼种群的影响程度分析

模型中生长的变化	冬季来临时的鱼苗体长/mm		
	>45	40~45	<40
无变化	无影响	无影响	无影响
减小	无影响	中等影响	严重影响

生长模型通常用于分析筑坝前后幼鲑的生长率和年龄,确定生长期水温降低对幼鲑生长减缓的程度(章节 1.3.6;表 1.14)。大规模的采样(筑坝前后)分析和仔鱼或幼鲑的年龄判定,可为生长模型提供补充和验证。

表 1.14　筑坝后水温降低对幼鲑生长的影响程度分析

幼鲑年龄增加值	对幼鲑生长的影响
<0.1 年	无
0.1~0.25 年	较小
0.25~0.75 年	中等
>0.75 年	较大

冬季河域内电站下游水温的升高会导致冰情改变,影响仔鱼的生长。这种情况多发生在挪威北部的河流。筑坝前河流表面覆盖坚实的冰层;筑坝后冰层消失,或者出现底冰和锚冰形成的河

流。在最小流量河域和流量调出河域，表层和底层的冰层可能增加。作为潜在约束因素，其分类有待研究。这些问题在纳入设计解决方案过程中，需单独考虑。

1.1.3 种群信息

在不同地点使用电气捕鱼技术对鲑鱼种群取样（章节1.3.7），主要目的在于：①为栖息地和水文约束评估提供数据支撑；②为确定种群调节阶段提供详细信息；③为识别影响鲑鱼生长和繁殖的因素提供重要信息。当采样分辨率、捕获效率和鱼体条件俱佳时，可以通过计算单个河域或者河流中的平均值来推断种群密度。如果一个种群中，鱼苗数量相对于仔鱼数量较小，可推断种群在获得产卵场、越冬场和育苗场等方面受到了限制，这样的种群结构被称为"鱼苗受限"。如果种群中仔鱼数量相对于鱼苗数量较小，可推断种群在获得庇护所和觅食区等方面受到了限制，这样的种群结构被称为"仔鱼受限"。分类方法详见表1.15，其中，新生鱼苗或仔鱼数据为河域层面平均值。约束因素采用栖息地约束和水文约束分类标准。此外，如果筑坝后水温降低，需要获得鱼苗在秋季的体长数据（表1.13）。

表 1.15　采用鱼苗和仔鱼数量的相对比例确定受约束的种群阶段

新生鱼苗数量/仔鱼数量	受约束的种群阶段
<1，低密度	新生鱼苗
1~2.5	无
>2.5	仔鱼

1.1.4 影响因素和约束因素综合评价

表1.16总结了各个影响因素的分类标准，这些因素包括：①种群调节阶段；②栖息地约束和生长繁殖能力；③流量对生长

繁殖能力（承载能力）的影响程度；④水文约束以及制约种群规模（幼鲑数量）和承载能力的因素。栖息地测绘和采用电气捕鱼技术开展的种群抽样，为识别种群调节阶段及栖息地约束因素提供了必需的数据信息基础。对产卵场和庇护所的分类能够表述河流中鲑鱼种群的生长和繁殖能力。河流流量决定水域面积的大小，进而决定了鲑鱼种群可利用的生存空间。河流流动状态也是影响鲑鱼生长和繁殖能力的重要方面。在栖息地约束因素识别的基础上，可以更仔细的识别限制鲑鱼种群生长和繁殖的水文约束因素。这些限制既与鲑鱼种群密度有关，也与水温、流速、冰冻等水文要素超过临界值的程度有关。同时，表1.16还考虑了短时或者长期可能造成幼鲑降河洄游数量减少的因素。

表1.16　各影响因素分类系统总结

种群调节	基于栖息地测绘的调节阶段	鱼苗/仔鱼/无
	基于种群抽样的调节阶段	鱼苗/仔鱼/无
	3 种群调节阶段综合评价	鱼苗/仔鱼/无
栖息地约束	4 生境限制因子	无/产卵场/庇护所/二者兼有
基于栖息地条件的鲑鱼生长和繁殖能力	5	低/中等/高 （1~3）
流量和承载能力	6 流量对生长繁殖能力的影响程度	较弱/中等/主要 （1~3）
水文约束	7 夏季流量	增加，无/较弱/中等/严重 （＋，0~3）
	7 冬季流量	增加，无/较弱/中等/严重 （＋，0~3）
	8 产卵水位比率	无/较弱/中等/严重 （0~3）
	9 对初生鱼苗生境的可能影响	无/低/中等/高 （0~3）
	13 低温对初生鱼苗生长的影响	无/中等/严重 （0，2，3）

栖息地、水文联合约束	12 河道形态均匀度对种群的影响	无/低/中等/高（0～3）
种群规模约束	14 水温降低对幼鲑生长的影响	无/较弱/中等/严重（0～3）
	10 降河洄游期流量变化对幼鲑存活率的影响	增加，无/较弱/中等/严重（＋，0～3）
	11 栖息地生境退化可能性	无/低/中等/高（0～3）

注 各分类系统的基础见表 1.1～表 1.14。表中各要素赋予了相应的分值（0～3），用于整个诊断系统的打分（表 1.17）。"＋"表示筑坝的影响是积极的。

通过对各要素赋予相应分值（0～3），可实现河流、河域和河段层面的定量评价。表 1.17 给出了最终诊断标准，可用于识别适宜空间，为后续减缓措施的实施奠定了基础。诊断内容如下：①所处的种群调节阶段（鱼苗：刚孵化的第一年生鲑鱼；仔鱼：幼年期的鲑鱼）；②栖息地约束（产卵场：产卵栖息地的大小和分布；庇护所：庇护场所的大小）；③基于栖息地条件的鲑鱼生长和繁殖能力整体评估；④流量对鲑鱼生长和繁殖能力（承载能力）的影响程度；⑤水文约束和种群规模约束。

表格中的数值也可以通过长度加权平均、面积加权平均或者频率分布的方法合并（仅限采用数值表示的因素），用来检验河域和河流层面各因素的重要性。如表 1.17 所示案例中给出的生长繁殖能力，在整个河流的加权平均值为 1.66，表示河流中鲑鱼的生长繁殖能力介于低和中等之间；流量重要性的加权平均值为 2.2，表示鲑鱼的生长繁殖能力适度受流量条件的影响。冬季流量条件和水温这两个因子对幼鲑生长的影响分值较高，成为制约鲑鱼生长和繁殖的重要约束。

表 1.17 河流中适宜空间（河域和河段层面）的鲑鱼种群诊断概念模型

河域	长度/m	河段	长度/m	种群调节阶段	栖息地约束	生长繁殖能力（1～3）	流量的影响程度（1～3）	产卵水位比率（0～3）	夏季流量条件（+，0～3）	冬季流量条件（+，0～3）	低温对初生鱼苗生长影响的（0，2，3）	对初生鱼苗生境条件的影响（0～3）	水温对鲑幼生生长的影响（0～3）	降河洄游期流量对幼鲑影响（+，0～3）	栖息地生境退化（0～3）	河道形态均匀度（0～3）
1	4000	1	800	鱼苗	产卵场	1	3	2	0	2	2	0	3	0	0	1
		2	1000	鱼苗	产卵场	1	3	2								
		3	600	鱼苗	产卵场	1	3	3								
		4	900	鱼苗	产卵场	2	2	2								
		5	700	鱼苗/仔鱼	两者兼有	1	2	3								
2	3500	6	500	鱼苗/仔鱼	两者兼有	1	1	3	3	3	2	0	1	0	2	0
		7	600	仔鱼	庇护所	2	1	1								
		8	800	仔鱼	庇护所	2	1	1								
		9	500	仔鱼	庇护所	2	1	2								
		10	600	无	无	3	3	2								
		11	500	无	无	3	3	2								
3	2300	12	1000	鱼苗	产卵场	2	2	2	2	3	0	1	0	2	2	0
		13	800	鱼苗	产卵场	1	2	1								
		14	500	鱼苗	产卵场	2	3	2								
…		…														

1.2 电力生产系统

为了获得足够的诊断基础资料，并对可能的措施方案进行评估，还需要收集所有与电力生产系统相关的信息。一般水电站运营商可以提供充足的信息，包括水库（库容和水位）、引水管道、隧洞、地形图和发电设备（输出功率和装机容量）。本手册提供了一个示例，包括水库（最低和最高控制水位）、发电装置和水道，见图1.3。这些源自公用事业公司的信息，例如现有设施以及电力生产系统的增效扩容等，需经过系统分析，以识别哪些因素与河域中鲑鱼的生长和繁殖具有直接或间接的影响。

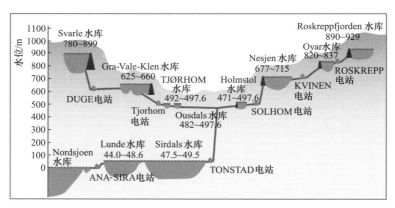

图 1.3　挪威 Vest‒Agder 县 Sira‒Kvina 电力生产系统描述示例

1.2.1 发电设备

收集并详细介绍鲑鱼洄游河域及其上游所有水电站的电力设备装置，包括：①水工建筑物典型运行调度规程；②基于最高和最低调节水位采取的限制措施；③底水是否被抽空；④是否修建

24

照片 1.3　Ånund Killingtveit 教授拍摄

鲑鱼洄游通道或机械设置：

- 电站进水口（补充信息：是否安装阻止鱼类进入的屏障？）
- 电站出水口（补充信息：当电力设备失效时，在溢流道或其周围是否安装旁通闸门或其他障碍物，以防止鱼群进入排水隧道？）
- 与电力设备运转有关的大坝、堰、闸门或其他建筑物
- 鱼道、鱼梯或其他环境友好型装置和措施

25

1.2.2 电力生产系统限制条件

水电基础设施的选择，是以水电开发许可证要求为前提，实现水资源的优化利用。电力生产过程是根据能源价格走势对发电量进行优化调整，每个季度甚至每天发电量都不尽相同。一般来说，许可证制度对电力生产产生一定约束，如强制水库保持一定水位或下泄环境流量。有些水库还需要完成一定的防洪兴利任务。这些限制条件不论在时间和空间上，都降低了电力生产系统的灵活性，给电力生产优化带来一定影响。从电力生产的角度来看，减轻这些限制带来的影响应做到以下 2 点：

(1) 使旁路涡轮的排水量降至最小。

(2) 充分利用水库，使经济产出最大化和库水溢漏最小化。

上述两点相辅相成，原因在于效率低下的水库调度运行和管理模式往往导致溢漏的增加。由于年径流量变化相差较大，加之限制条件和其他管理及市场考虑，每年的水库调度运行模式并不完全相同。

流量对涡轮机、闸门和其他装置运行的影响存在机械性能极限。涡轮机只能在其性能限值内发电。超出限值，水库中的水或仍存储在水库，或通过旁路涡轮下泄弃水。在流量值最优范围内，多数涡轮机的运行效率最大，超出这个范围，运行效率将降低，且导致设备磨损，加剧效率的损失，增加维护频率。此外，某一河域规定的调度运行规则，也可能对河流内其他河域的电厂或水库运行造成影响。

1.2.3 可替代的调度规程

电力生产模型用于分析不同调度规程的影响，实现短期和长期生产优化。模型的参数通常包括径流、水库库容、水道和能源价格等信息。由于径流、近期和远期市场价格信息需要根据降水和温度预测，未来调度准则具有很大的不确定性。利用径流和电力生产的历史数据，可以提高计算精度。同时，为满足环境要求，模型计算包括多种限制条件。这种模拟用于确定最昂贵的减缓措施，并明确未来环境评价范围，以便确保获得最高的效益成本比解决方案。在某些情况下，特定周期内调度准则的主要约束条件是环境。非常重要的一点是，评估这些环境限制因子对替代解决方案的有利影响。为满足环境要求，许多发电厂改变泄水模式和下泄流量过程方面，缺乏技术灵活性。例如，要精确控制最小下泄流量，需要对底部泄水闸门进行监测，甚至远程控制。许多情况下，水库距离下游通过泄水产生环境效益的河域较远。一般而言，这种延迟会给水库运行带来负面影响，原因在于，为了确保安全，水库往往泄放更多的水量。

1.2.4 调度直接影响

沿河域布设的各种电站设备装置、水库、引水口、出水口、管道和水渠，对环境产生不同的影响。根据筑坝河流水文节律变化，提出下列定义和分类：

（1）减水河域：流量下降且没有最小流量要求的河域。水量调出或引水发电是导致流量下降的主要原因。

（2）最小流量河域：流量减少且存在最小流量要求的河域。水量调出或引水发电是导致流量下降的主要原因。除了考虑最小流量，根据当地流域大小，下泄流量也会不同。有时，水库区域范围较大，减水范围较小，下泄流量总能满足最小流量要求。

（3）下游河域：位于水电站下游的河域，河流流量取决于上游水库或电站的调度运行规程，呈现以下几种状态：

①近自然状态（水库库容较小，例如径流式电站）。

②由于水库蓄水和泄水导致的流量季节性重新分配，例如春季洪水期蓄水，春末泄水，冬季增加下泄。通常由于上游水库蓄

27

水,水温也会发生改变。

③增加(从临近的流域调水)和季节性重新分配状态,一般水温也相应增加。

这些分类可以作为诊断工具。当然,为了包含环境本身的变化范围(这些变化可能很大,也可能小得忽略不计),分类描述需更详细。在某些情况下,电站用于调峰,造成下游流量和水位的快速变化。

1.2.5 调度间接影响

筑坝不仅改变河流流量和水温,河流的其他变化也将对鲑鱼生长和繁殖带来直接或间接影响。以仔鱼为例,筑坝后河流的冰冻情况是重要的栖息地生境因子。冬季,河流表面的冰层可以为鲑鱼提供保护,免遭鸟类和哺乳动物的捕食,有助于减少鲑鱼的能量消耗。然而,河流底层的片冰和锚冰却阻碍了鲑鱼在栖息地间自由游动,降低了鲑鱼的冬季存活率。片冰是冰粒在过冷的水中,随急流而下,附着于物体上形成的,有时也会形成锚冰。在挪威北部,天然条件下冬季河流长期被冰层覆盖,但筑坝后冰层减少。对于筑坝前不结冰的河流,将不会造成重大影响。在挪威南部,由于片冰和锚冰数量增加,减水河域和最小流量河域冰情将有可能增加。

筑坝将影响河流的化学特性,例如调水工程引起的河流流量重新分配,或者库水不经处理直接排放到下游河域时,下游水体中营养物质含量发生改变,下泄水体的酸性或者其他形式的污染都有可能影响鲑鱼的生长和繁殖,对这些问题的评估非常重要。如果冰川径流或者其他类型的浑浊水体下泄到天然状态下只有清水的河域,就会影响鱼类生产力。如果有必要,浑水应调入湖泊或海洋,以保证清水河域水质。

筑坝导致河床形态改变,这种变化与电站运行调度有直接关系。但是，电站调度也会导致非形态变化，例如低流量情况下，为保持水位设计的大坝。有时，河域大范围重建，即使与电力生产毫无关系，这种形态学改变仍会影响鲑鱼的生长和繁殖。

1.2.6 增效扩容机会

通过改变电厂的调度运行方式，满足径流变化要求、环境约束条件，或更好地适应市场行情。包括改变装机容量，或者改变日、季度和年度调度准则。

电力生产系统还可以通过多种方式扩建，常用扩建方式如下：

（1）现有电站增加输出（增加发电机组，扩大水道）。

（2）从临近水域调水。

（3）安装新的引水口或者改变涡轮机能力以提供更灵活的电力生产，例如安装小型发电设备，便于释放环境流量。

多数情况下会采取上述方式的组合，通常在维修、检查和替换现有的机器、设备和水路管道时应用。

增加输出可以提供更大的环境流量泄放灵活性，通过在适当时间泄水，满足环境流量要求。从临近水域调水也可实现调入区环境保护的目的，尽管调出区水量有所下降。作为调水替代方法，通过建设小型电站，实现更便捷的上游来水下泄。虽然影响电力生产，但这种方法在鲑鱼保护方面的效益成本比最高。扩容或者安装更多的涡轮和发电机组，可以提高管理的灵活性，对鲑鱼生长和繁殖的影响具有两面性。例如，在低水头条件下运转良好的发电机组，能够生产更多电力，也满足了下游低水位期或能源低价格期的要求。同时，如果电力生产实现了更大的灵活性，则更有能力避免下游水量和水位的快速变化。

照片 1.4　Anders G. Finstad 拍摄

1.2.7 电力生产系统及其环境影响整体评估

通过获取数据并进行分析，可以构建河域层面电力生产系统整体评估标准（与表1.17对应），包括调度影响、流量条件、水温、冰情和形态学变化，以及限制条件和增效扩容机会的简要描述。根据这些标准，可对电力生产系统及其环境影响进行全面诊断，示例见表1.18。

表 1.18　河域层面电力生产系统整体评估标准

河域	长度/m	调度的影响类型	发电装置	流量条件变化	夏季水温变化	冬季水温变化	冰情变化	形态学变化	水化学特性变化	限制条件	增效扩容机会
1	4000	最小流量河域	顺流坝	大幅减少	增加	减少	表层冰增加，底层冰减少	堰	无	最小流量2m³/s	小型电站
2	3500	下游河域类型b	出水口	重分配	减少	增加	漂走	无	无	逐渐转移	增加涡轮机容量；调水
3	2300	下游河域类型b	坝和进水口	重分配	减少	增加	减少	开沟槽	无	最小流量15m³/s	无
...											

1.3 诊断工具

1.3.1 绘制河流形态、底质和庇护所

为了掌握河流现状，建议绘制河流形态、河床底质和庇护所分类分布图。河流形态分类，可通过绘制中尺度栖息地分类图并集成的方法，以提高分类精度。绘制工作始于鲑鱼溯河产卵河域的上游起点，并采用 GPS 定位路标点。当遇到河流底质和河流形态（中尺度栖息地）发生改变时，要定位新的路标点。每个路标点要确定类型编号，以表明不同的河流底质或形态。每隔一定间隔距离（如 100m），沿河流横断面绘制庇护所。当河流底质发生快速或重大变化时，可缩短横断面绘制间距。由于庇护所和河流底质密切相关，记录庇护所信息可验证庇护所类型能否与河流底质类型相符。

绘制河流形态、河床底质和庇护所分类分布图，可为划分河段提供基础数据资料（图 1.4）。

1.3.1.1 河流形态

河流形态划分依据"中尺度栖息地"分类。"中尺度栖息地"分类采用大马哈鱼研究成果，主要依据 4 项标准：①水面波高度；②梯度；③流速；④水深（表 1.19）。"中尺度栖息地"是当前河流栖息地研究关注的重要尺度，指河道内具有明显特征的栖息地单元。针对鲑鱼种群，本手册提出下列范围：①水面波形高度大于 5cm 为"动荡型"，否则为"平滑型"；②梯度大于 4% 为陡坡，否则为缓坡；③流速大于 0.5m/s 为快速，否则为慢速；④水深大于 70cm 为深，否则为浅。尽管中尺度栖息地长度各不相同，但为了方便数据库管理，其长度至少应与河宽一致。中尺

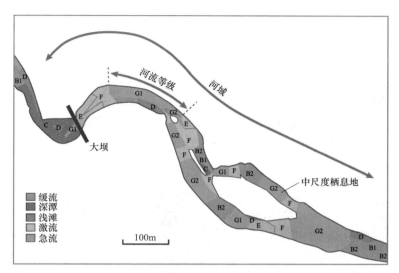

图 1.4 河域划分示例

表 1.19 基于河流自然条件的中尺度栖息地分类

因子	水面波高	梯度	流速	水深	类型
标准	平滑型 （微波）	陡坡	快速	深	A
				浅	
			慢速	深	
				浅	
		缓坡	快速	深	B1
				浅	B2
			慢速	深	C
				浅	D
	动荡型 （大波浪， 不连续 表面，驻波）	陡坡	快速	深	E
				浅	F
			慢速	深	
				浅	
		缓坡	快速	深	G1
				浅	G2
			慢速	深	
				浅	H

33

照片 1.5 Håkon Sundt 拍摄

度栖息地的组成和范围随水流动态不断变化，多数情况下需要把不同流态下的中尺度栖息地均绘制成图。绘制工作应依靠徒步或船只进行实地观测，有时也需要依靠地图和航拍照片。中尺度栖息地的位置和其他标记（底质、庇护所、注解等）绘制于同一幅图中，或者直接输入一个 GPS 设备。河流形态的定义采用中尺度栖息地（A、B1、B2 等）名称（挪威通常的命名法）的串联（表1.20），用于河流形态的简化描述（图 1.4）。

表 1.20 河流形态分类

河流形态	中尺度栖息地	水面波高	梯度	流速	水深
缓流	A＋B1＋B2	平滑型	缓坡	快速	浅/深
深潭	C	平滑型	缓坡	慢速	深
浅滩	D	平滑型	缓坡	慢速	浅
激流	E＋F	动荡型	陡坡	快速	深/浅
急流	H＋G1＋G2	动荡型	缓坡	快速	浅/深

1.3.1.2 底质

针对栖息地类型相对一致的河域，根据占优势地位的河床底质类型进行分类。底质类型如下：

（1）淤泥，粗沙和细砾（<2cm）。

（2）砾石和小卵石（2～12cm）。

（3）岩石（13～29cm）。

（4）大块岩石和圆木丛（≥30cm）。

（5）基岩。

底质分类考虑到鲑鱼对栖息地生境的需求。其中，第 1 类和第 5 类不适合鲑鱼生存，这两类底质中几乎不会发现鲑鱼的存在；第 2 类底质适宜鲑鱼产卵；第 3 类和第 4 类底质对不同体长的仔鱼来说是理想的庇护场所。用底质类型定义鲑鱼生存环境的适宜性，绘制底质主要是为了下一步测量庇护所。

1.3.1.3 庇护所测量

以缝隙和孔洞形式存在的庇护所对鲑鱼的生长和存活都是至关重要，鲑鱼在其早期发育阶段都生活在河床上层（约 0～30cm）的沉积物中，沉积物中的孔洞和裂缝是仔鱼藏身的地方，对于仔鱼躲避捕食、越冬、休憩和抵御洪水很重要（图1.5）。

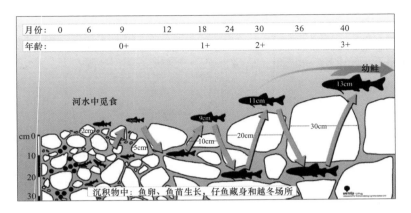

图 1.5　鲑鱼早期发育阶段都隐蔽在河床的各类岩石之间

庇护所间隙数量和维度空间可实地测量，具体方法是通过记录 $0.25m^2$ 铁框内一个直径 13mm 厚塑料软管能够插入缝隙的次数（图 1.6）。根据软管插入的距离可以确定缝隙的深度。一般将庇护所尺寸分为三类：S_1：$2\sim5cm$；S_2：$5\sim10cm$；和 S_3：$>10cm$。

测量时选择同一直线上的三个点构成一个横断面，其中一个测量点靠近河岸，一个测量点尽可能接近河流中心，一个测量位于以上两点中间。其他测点通过把铁框扔入河中随机选择，但要保证均在同一横断面上。用 GPS 记录下每个横断面的路标点，通过计算得出每个横断面上每种尺寸的庇护所的平均数量，利用公式得到"加权庇护所"的值：$S_1+S_2\times2+S_3\times3$。

根据加权庇护所的值，对每个河段中的庇护所数量进行分类：少（<5）、适度（$5\sim10$）和多（>10）。

通过最具代表性沿河流分布的庇护所位置照片，即可获得两个横断面之间的距离，不需要耗费过多的野外观测时间。横断面之间的距离在测量开始时固定，根据整个河长确定。例如，对于较短的河流，每 100m 间隔设置一个横断面，较长河流可设置间

图 1.6　庇护所测量

隔为 500m。当固定间隔的横断面测量不足以获得底质变化情况时，应增加横断面间隔。例如，两个固定横断面的底质较贫乏，而两断面之间的河段却存在较大范围的适宜生境栖息地，可增设横断面。

1.3.2　绘制产卵场

　　鲑鱼产卵场是指河床条件（底质成分）和水力条件（主要是水深和流速）均适合鲑鱼产卵的场所（图 1.7）。底质成分与水力条件有关，可作为产卵场最明显的指征。同时，水深和水速是河流流态的动态反应，在不同流态条件下变化较大。最适宜的产卵场底质为沙砾石混合物，颗粒大小在 1～10cm 之间。产卵的鲑鱼体长越长，越喜大粒径底质。因此，一般鲑鱼产卵场包括砾石、小卵石和稍大些的岩石。适宜的水深和流速随鲑鱼体长而不同，个体较大的鲑鱼更喜欢将鱼卵产在急流中。鲑鱼产卵的适宜水深约为鲑鱼体长（10～30cm）至1m不等，有时也会更深。流速范围为0.1～1m/s，适宜流速范围为0.3～0.6m/s。典型的产卵场通常位于深潭、渠道或湖泊出口的沙砾石堆，这些区域的河床地形容易形成加速水流。一般而言，与棕鳟不同，鲑鱼将鱼卵产在流速更快和水深更深的底质。然而，这两个种群的产卵场也存在较大重叠，在实践中一般难以区分。

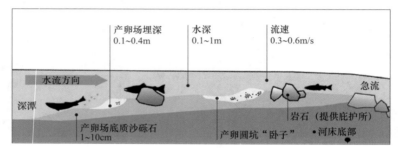

图1.7 图解鲑鱼和棕鳟的产卵场纵段面

绘制产卵场可通过岸上观察，并结合涉水或浮潜，多数大型河流中无法涉水，只能通过浮潜。识别产卵场位置，采用GPS设备或手工标记，最后将整条河流中可用的产卵场范围和分布标记在一幅地图中。为降低出错率，标记工作应由训练有素的、有经验的技术人员完成，并根据实测的"卧子"（产卵圆坑）和产卵鲑鱼整理。多数情况下，卧子会在产卵后的河床上保留数周或数月时间，表现为与周围底质不同的灰白色区域。有时仅凭视觉无法识别卧子，可在冬季利用专门铁锹寻找受精卵的方式识别卧子位置。卧子和受精卵的识别可为判断产卵场位置提供重要的补充信息，随着对活跃产卵场特征认识的加深，产卵场准确定位的能力也将提高。

经验表明，大多数河流形态中都分布着鲑鱼产卵场。最常见的位置是深潭结构的边缘出口，同时具有适宜产卵的底质。如果底质成分和水力条件都适宜，在深潭、渠道和急流的地方也经常分布鲑鱼产卵场。在沙砾石底质的河流中，虽然表面上河域中的大部分地方都适宜产卵，但实际上产卵行为通常集中发生在浅池边缘或者水文条件特别有利的区域。当河流底质是大块岩石、沙、裸露的基岩或水草，且流速过高或过低不适宜产卵时，这类河流很少或几乎不存在较大的产卵区域。不过，这种河流中通常也能见到口袋（1～10m²）状孤立分散在各处的适宜鲑鱼产卵的底质。这些底质虽然数量和范围有限，但在一些河流，尤其是河床梯度陡峭的河流中，却是仅有的鱼类产卵场，如果没有这些"口袋"，河流中很大范围内将无产卵场的存在。

筑坝对鲑鱼产卵场带来直接影响。大坝阻碍固体物质的输移，使其无法在下游沉积。沿岸人工建筑物减少了河水对岸边的侧向侵蚀，导致水中泥沙含量下降，流量变化也影响了河道内泥沙冲蚀和沉积。这些影响将在减缓措施章节中详细阐述。

地图绘成后，需要计算每个河段上产卵场面积占整个河床的比例。其中，河床面积取正常流量（多数情况下相当于平均流量）条件下河床的面积值。如果比值小于等于1%，为"低"；比值在1%～10%之间，为"中等"；比值大于等于10%，为"高"。低、中等和高的划分阈值不是固定的，可以根据更多挪威河流经验数据进行调整。

产卵场分布对鲑鱼的生长和繁殖具有重大影响，原因在于鱼苗的游动能力有限，鱼苗密度随着与产卵场距离的增加而迅速下降。同时，鱼苗个体之间存在竞争，种群密度过高将导致死亡率升高。此时，多个分散的产卵场对鱼苗栖息的容纳能力，高于面积大、密度高的单个产卵场。产卵场较少或无产卵场的河段，仅分布着少量鱼苗。本手册假定，一般情况下鱼苗的游动能力不超过200m，如果分散产卵场之间的距离大于200m，意味着鱼苗无法在产卵场间和河段内自由游动。

1.3.3 不同流量条件下水域面积大小

由于地形原因，河流流量和水域面积之间具有直接关系。要确定两者之间的关系可以通过描绘不同流量条件下的水位流量关系曲线，或者通过校正研究区域的水力学模型。选择哪种方法更合适，要根据各种方法的经济和技术可行性分析进行。河床形态测量可采用不同方法。差分 GPS 方法通过手持 GPS，测量河道内外的地形。正射影像分析通过图像分辨率质量（会受天气影响）和图像处理分析工具，获得区域内的地形影像。无人机（遥控器操控的微型航空器和直升机），可以进行激光测绘或拍摄高分辨率的照片。现代无人机一般较小，可通过遥控器定位在河流上空的位置。激光技术可以用于获取河床高分辨率地形数据，但不能获取水面下地形数据。表 1.21 总结并评价了各种方法的优缺点。流量和水域相关关系建成后，可以根据径流系列数据和水域面积数据进行时序分析。针对单个河段各要素的全面评估，能够识别河域层面低水位时期的脆弱区域。

表 1.21 各种河床测量方法及其优缺点

河床测量方法	优　　点	缺　　点
水准测量 （三角法和遥测）	准备工作少，所得数据详细	测点和基站之间不能有障碍物阻挡视线
差分 GPS	准备工作少，所得数据详细	卫星需可用，如无船或皮划艇将无法到达河流深处测量
正色影像分析	准备工作少，使用官方影像数据校准服务，不需要使用基站测量	分辨率较低
无人机测量	可靠，容易到达测量区域	准备工作多，细致程度较低
激光扫描	水上部分的数据分辨率高	后期数据处理工作量大，无法获得水面以下河床地形数据

1.3.4 水文变化分析

流量分析基于历史测量数据或径流模型。缺乏历史测量数据时，可以根据其他数据推算径流系列，例如依据相邻水域的数据推测，或利用水文模型模拟。

流量分析包括各种统计参数，例如瞬时流量，小时、天、数天、月、年流量和一定时间间隔（年度、季节、月等）内的流量等，还包括流量最大值、最小值、平均值和中位数等。

按时段内所出现的流量数值及其相对历时，可绘制流量历时曲线，用于说明径流分配特征（图 2.2）。将流量数据从大到小排序，流量历时曲线可以反映某个时段内大于等于某个流量所对应的时间与该流量之间的关系。时间段可以取季、年、代等不同时间尺度。

根据流量值和流量历时曲线，可以反映不同流量条件的规模和持续时间，进而为不同河流之间比较提供数据基础。这些信息也可用于计算生态水文参数，但是至少要掌握河段内近十年的历史或模拟流量数据。

常用的生态水文指数包括：

（1）平均流量（通常为每月）。

（2）极端流量和历时。

（3）年极端流量发生时间。

（4）高流量和低流量出现的频率与历时。

（5）流量变化的幅度（速度和频次）。

针对挪威适宜鲑鱼生长和繁殖的河流，最重要的流量数据是最小连续 7 天平均流量（连续 7 天测得的最小平均流量值），本手册中用"最小周均流量"表示。其他流量数据，例如极端流量、历时和发生时间等，也是重要的流量数据。

颜色编码地图可用于描绘筑坝河流的水文变化（图 1.8）。这

种地图易于直观地将一条河流细分为河域，也能直观地显示河流
流量变化概况。需要指出的是，由于鲑鱼随时适应实际流量条
件，因此多年平均流量变化无法描绘。在大多数近自然状态和筑
坝河流中，实际流量一般长期略低于多年平均水平，只有在短时
间内远高于多年平均水平，例如洪水期间。

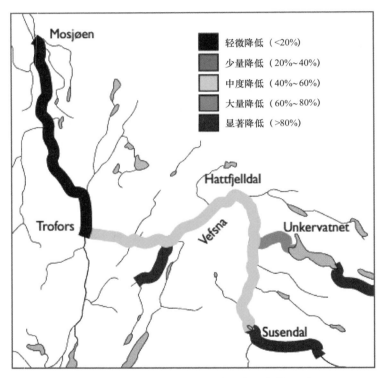

图 1.8 复杂河流中不同河域的水文变化图示
（源于挪威 Nordland 县 Vefsna 河流研究成果）

1.3.5 水温预测模型

河流和湖泊水温取决于各种自然因素，例如：

42

（1）控制水面能量吸收的气候条件（主要是空气温度和太阳辐射）。

（2）流量条件——河流输送水，形成对湖泊和水库中水量的供应和释放。

（3）水在湖泊和水库中的总量、滞留时间和出水口位置。

（4）地下水。

水库调度对下泄流量的时空调节，造成坝下河道水温和冰情变化，对河流水生生态系统产生影响。水库泄水可能导致坝下年内水温变化，冬季水温升高，夏季水温降低。在下游减水严重河段，水温改变正好相反，使坝下夏季水温升高，冬季水温降低。地下水和当地排水也会带来局部区域水温变化。

通过实测和数学模型计算，可分析筑坝对水温的影响。数学模型即包括简单的经验公式，也可以是以太阳辐射和空气温度为输入参数的能量平衡方程。为消除水温分层对坝下的影响，通过不同泄水方案的组合，可得出相对精确的下泄水温估值。应用水温模型需要掌握水库和坝下河段的历史水温数据，建模工具如下：

（1）水力学水温模型。这类模型通过构建河域内能量平衡、水流条件和水温函数，模拟坝下水温。常用的模型包括HECRAS、MIKE11、RICE和SNTEMP。这类模型模拟精度高（图1.9），但建模过程相对比较复杂，需要输入河流横断面数据和高精度的气象数据。

（2）湖泊/水库水温模型。基于自然生态系统模拟的湖泊/水库水温模拟模型。与河流水温模型相同，湖泊/水库水温模型也需要掌握气象数据和入湖、入库流量数据。尽管湖泊水力学特征相对简单，但两种模型应用的难易程度相近。常用的模型有GEMSS、QUAL-2W和MyLake。

（3）简便经验模型。简便模型利用气象和自然变量构建的简便函数来估算水温，通常采用简化的能源输入与河流或湖泊水域面积联合建模。这类模型所需输入数据较少，但另一方面，对各变量变化较敏感。

（4）回归模型。如果掌握水温实测数据，可应用此类模型模拟水温变化。

（5）复杂水温模型。复杂水温模型精度较高，适用于筑坝河流下游流量变化已知的情况。实践表明，在模型边界范围内，如果初始输入数据精度较高，应用复杂水温模型可获得高精度模拟结果。

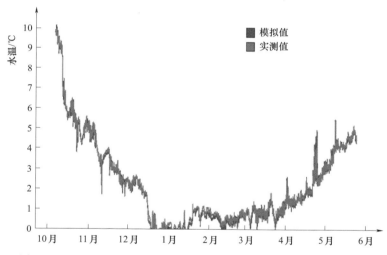

图 1.9　HEC - RAS 模拟水温（蓝色）与实测水温（红色）的比较
（数据源于挪威特隆赫姆市 Nidelva 河的 Marienborg）

1.3.6　温度响应

1.3.6.1　鱼卵发育模型

克里斯普模型可用于计算鱼卵发育和刚孵化的鱼苗比率，估算水温改变对鱼卵发育和刚孵化的鱼苗初次觅食（向上游）时间的影响。模型可估算鱼卵从受精到孵化的时间。

$$\log D = b\log(T - \alpha) + \log a$$

式中：D 是从鱼类产卵到 50% 的受精卵孵化出来需要的天数；T 是水温；b，a 和 α 均为常量。

针对鲑鱼，$b = -2.6562$，$a = 5.1908$，$\alpha = -11.0$。如果水温取日均值，鱼卵每天的发育可以表示为一个百分数（$100/D$）。为了估算"向上游动"的发生时间，要把从产卵日开始的整个发育阶段每天的百分数相加，百分数之和达到 100% 时，即为估计的鱼卵孵化发生时间，百分数之和达到 170% 时，即为估计的"向上游动"发生时间。用鱼卵发育模型估算的实例见表 1.22，模型中给出了每日平均温度（T），并给定了产卵时间（11 月 1 日）。当 $100/D$ 总和达到 100% 时，即为鱼卵孵化发生时间的中位数；达到 170% 时，即为"向上游动"发生时间的中位数。

如果产卵期已知，可以通过产卵开始期、高峰期和结束期的受精卵发育百分数来估算鱼卵孵化和"向上游动"的发生时间。如果产卵期未知，可通过假定的产卵高峰来估算受精卵发育。

表 1.22　采用克里斯普模型估算鱼卵孵化和"向上游动"的发生时间

日期	水温 T	天数 D	$100/D$	总和（$100/D$）	
11 月 1 日	4.3	110.7	0.9	0.9	产卵
11 月 2 日	4.3	110.7	0.9	1.8	
11 月 3 日	4.2	112.6	0.9	2.7	
…	…	…	…	…	
…	…	…	…	…	
…	…	…	…	100	孵化
…	…	…	…	…	
…	…	…	…	…	
…	…	…	…	170	向上游

1.3.6.2 生长模型

基于实验数据构建的生长模型可根据水温数据预测鱼类生长情况，并用于估算水温变化对幼鲑生长的影响。模型构建了幼鱼体重与水温的函数关系。

$$
\begin{cases}
M_t = M_{t-1} & T < T_L \text{ 或 } T > T_U \\
M_t = \left(M_{t-1}^b + b\left(\dfrac{(t \times d)(T - T_L)(1 - e^g(T - T_U))}{100} \right) \right)^{(1/b)} & T \geqslant T_U \text{ 和 } T \leqslant T_U
\end{cases}
$$

M_t 和 M_{t-1} 分别为幼鲑在 t 和 $t-1$ 两个相邻时间点上的重量，t 为相邻两时间点的间隔天数，T 为研究时段的平均水温（日均），T_L 和 T_U 分别为适宜幼鲑生长的水温临界值（低值和高值），b 为最佳水温中幼鲑生长 1g，d 和 g 是无生物学意义的参数。幼鲑体重增加计算通常以天为单位，即 $t=1$。但是，已有经验表明，以周（$t=7$）为单位计算也能产生大致相同的结果。

基于实验数据构建的生长模型，已经成功应用于挪威鲑鱼和棕鳟种群的预测。结果表明，应用于 Stryneelva 河（挪威 og Fjordane 县）幼鲑的生长模型最适合在挪威其他河流中推广应用。模型参数为：$d=0.374$，$g=0.201$，$T_L=6.9$ 和 $T_U=24.3$。实验证明，对鲑鱼而言，换算系数 $b=0.31$。实际应用中，应采用现场调查数据对生长模型进行校正。最简便的方法是改变参数 d 的取值，使模型预测的生长进程尽可能符合实际。

筑坝导致的幼鲑生长和初次降河洄游的年龄变化，以及水温减缓措施（参考设计解决方案一章）对鲑鱼生长模式的影响需进一步研究。可将单独的种群模型（如 1000 条鱼）和年存活率代入生长模型，并设定种群每年的生活习性，例如建立幼鱼个体大小与初次降河洄游发生概率之间的相关关系。为了真实评价对种群的潜在影响，必须考虑个体之间的生长变化。一种方法是引入变量"随年龄增长的实际体长"。通过改变不同个体全生命周期内生长参数 d 的取值，可获得该变量，并根据研究区域内的种群数据（如每个年龄段鱼体大小的标准差）进行校准。因此，模型中每条鱼都有自己的生长参数（d），参数取值符合一定的分布规律（如给定标准差的正态分布）。另一种方法是引入变量"同年龄生鱼群的体长"（在一个完整的生长季结束后），用于预测同龄鱼群中，可在春季降河洄游的幼鲑的比例。

种群生长模型可根据温度条件（或为筑坝前后，或为不同设计方案措施引起）、幼鲑年龄分布和幼鲑繁殖变化，模拟（通过电子表格或编程运行）一个种群的生长进程，见图 1.10 示例。示例中，夏季水温由于筑坝而降低。纵坐标表示种群体重的中位数（g）。其中，2 岁龄和 3 岁龄后，鲑鱼体重中位数降低，原因在于模型中个体最大的幼鲑开始降河洄游。

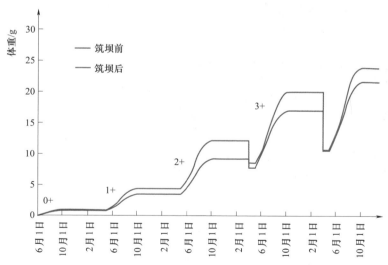

图 1.10 基于生长模型和种群模型模拟筑坝前后鲑鱼体重变化示例

1.3.7 种群数据抽样

为了确定种群调节阶段并识别种群约束，需要获取足够的种群数据。沿着河域统一设置多个采样点（分层抽样），利用电气捕鱼技术获取数据。站点的选择要基于庇护所分布图（章节1.3.2），即每个河段中庇护所的数量（少、中等、多）。每个河段至少应设置一个采样点，原则上每公里设置三个采样点，采样点覆盖区域从 $60 \sim 200m^2$ 不等。对每种庇护所数量的选择要和其在整个河域内总的分布数量比例一致。因此，对条件较差的庇护所，采样点数据收集工作也很重要。采样点应远离岸边，也没有必要为了获得鱼群密度的空间分布图和同龄鱼的相对优势而多次捕鱼。如果需要推断种群规模，可应用捕获效率的经验数据（第

照片 1.6　Ulrich Pulg 拍摄

一年生鱼苗为 0.4，1 岁龄及以上仔鱼为 0.6），也可结合采样点抽样数据估算。捕鱼工作应在秋季温度降至 5℃前完成。缓流河段可以使用小抄网，急流河段则需使用大抄网或者围网。

针对流速较缓的大型河流，可使用电气捕鱼船采样。电气捕鱼船的优势在于，可在较长的河流横断面捕鱼，且特定单位时间内的捕获数量可以作为鱼群密度的相对测量值。

诊断阶段最重要的参数是第一年生的鱼苗和 1 岁龄仔鱼之间的密度关系。鱼苗一般可以根据鱼体长度识别。1 岁龄和 2 岁龄仔鱼之间有少量重叠，为了确定两者的体长界限，可加大样本规模。测量所有样本鱼的体长和总长度（如果单个采样点的样本数大于 20 条，要除去第一年生的鱼苗），受到惊吓的鱼要待其恢复后再测量。测量工作结束后将所有的鱼放回河中，样本需要连续采集两年才能按照年龄进行分组。

如果在秋天采集数据，第一年生鱼苗的体长可代入生长模型（章节 1.3.6），评估筑坝（抑制增长）导致的水温降低是否是鲑鱼种群的生长约束。

2 设计方案及实施

　　基于对鱼类种群、水文条件和电力生产系统的诊断，可以提出保护方案，优化鲑鱼种群与电力生产系统之间的关系。优化方案包括"双赢"和"利益最大、损失最小"两种。后者指在电力生产的损失尽可能小的前提下，寻求最大的环境效益（增加鲑鱼产量）。经验表明，双赢解决方案最有可能出现在电力生产系统改扩建过程中。本手册无法列举所有的解决方案，原因在于这些解决方案因系统而异。本手册仅阐述如何利用各种工具分析实际情况，并寻找解决方案的方法，以及应用于实践。

　　解决方案分为两类，分别为"水资源利用"（解决水文约束）和"栖息地措施"（解决栖息地约束）。"水资源利用"包括流量及其年内分配、水温、水库和电站的调度运行、用水方式（加热和冷却过程）等。

2.1 水资源利用

2.1.1 水温

当水温对新生鱼苗的生存和生长构成限制时，或者使幼鲑降河洄游时间推迟导致种群数量减少时，需要采取水温减缓措施。筑坝河流中水库对河流水温的影响包括下列方式：

（1）库水利用中，不同取水位置获得的泄水温度与天然合理水温存在显著差异。通过分层取水设施，确保不同位置库水混合，可实现水库水体内热量调节和管理。

（2）春夏季和秋冬季，水库分别作为冷源和热源，泄水可影响下游水温。

（3）使用不同输水管道（长或短），也可以起到加热和冷却效果。与天然水道相比，夏季输水管道使水温增加，冬季输水管道使水温下降。

修改电力生产系统运行方式，可实现上述方法。通过测量法、水温变化模型法（章节1.3.5）和温度响应模型法（章节1.3.6），可对比当前和措施实施后的情况。第一种方法涉及梯级联调或者更灵活的泄水方式，但最有可能产生效果。另外两种措施在当前水库运行机制下，一般需要更多人为干预才能产生效果。此外，由于新生鱼苗和仔鱼生长最快的时段约为4～6周，在这段相对较短的时间内采取水温减缓措施可获得较大的利益。

2.1.2 下泄流量与径流量

水库泄水有以下几种形式：一是引水式发电，通常要保证下游最小流量。仅以最小流量泄水，不利于发电和鲑鱼有效繁殖。

照片 2.1　Håkon Sundt 拍摄

二是堤坝式发电，也应保证下游流量需求。三是其他一些需要短期泄流的情况，如特定时间内人造洪峰和冲刷流量。识别了制约鱼类种群的水文约束，环境设计的关键是如何利用水库调度运行，使下泄水量达到最佳鲑鱼保护效果。需要考虑的问题包括：是否有可能从其他水域引水以减轻水文约束的影响（章节2.1.3和章节2.1.4），是否需要更多的水量以便对鲑鱼种群产生积极影响？同时，需要考虑可能的泄水替代方案，确保幼鲑降河洄游和栖息地的维护。为了系统操作水库泄水，建议使用"建块法（BBM）"，该方法是解决流量约束和形成设计方案的实用方法。

建块法考虑仔鱼、幼鲑和成年鲑鱼面临的主要约束，将河流年内的水文循环细分为几个阶段（块）。在图中标注筑坝前后的日平均或周平均流量，直观显示河流在天然状态和筑坝人工调节

照片2.2 Tor Haakon Bakken 拍摄

状态下的不同流态，如图 2.1 所示。如果各河域具有不同的水文和调节特征，必须对每个河域单独成图。用实测数据确定每个建块的宽度（各时期的持续时间）和高度（流量值）。用诊断数据标绘事件，如幼鲑初次降河洄游期，鱼苗初次从缝隙中钻出期和产卵期等。鲑鱼生长期最重要的一段时间发生在从冬季结束到鱼苗初次从缝隙中钻出前的 6 周时间内。当洪水减少引起栖息地生境退化时，可在水库下泄流量较大时（但不要在鱼苗刚从缝隙中钻出期间），建立冲刷流（用窄块表示）。有时，生长期和幼鲑降河洄游期重叠出现。

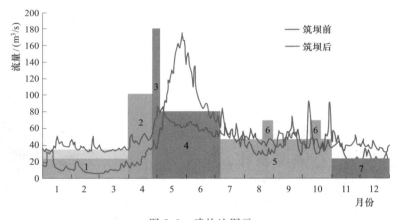

图 2.1 建块法图示

建块高度为研究时段内的平均或总流量，根据建块的面积总和（水量或被称为径流量）可以设计各种解决方案。根据诊断摘要（表 1.17），采用不同颜色（从浅到深）对代表不同意义的建块排序，如图 2.1 所示。图中显示了筑坝前后的平均流量曲线和关键流量块，还标注了各建块的日期及实际最小流量要求。流量（y 轴、高度）乘以持续时间（x 轴、宽度）为水体体积（建块的面积）。1 为孵化及越冬期，2 为幼鲑初次降河洄游期，3 为冲刷流时期，4 为幼鱼生长期，5 为幼鱼栖息期，6 为人造洪峰以促进垂钓和产卵洄游，7 为产卵期。颜色表示优先级，基于水文约束的严重程度，橙色为最高，蓝色为最低。

下一步是确定有利于环境的下泄流量。对于堤坝式发电，水库下游流量取决于径流和水库下泄流量。这种情况下没有固定流量用于环境设计（图 2.1），必须基于枯水年、平水年和丰水年的流量进行估算。当下泄水量进入最小流量河域时，可根据最小流量要求计算总径流量。通过改扩建或水协调（章节 2.1.3 和章节 2.1.4）还可以增加下泄流量。

最小流量河域一般为流量调出区。根据历史周平均流量数据绘制的流量历时曲线是有用的工具，可估算指定时段内增加流量所需的水量（图 2.2 示例）。流量历时曲线可用于估算获取更高最小流量所需时间。同时，可根据建块图示中年循环的不同时段，分别构建不同水文约束的流量历时曲线。为了促进鱼类生长和繁殖，有时在短时间内需要下泄较小流量，有时则需要下泄较大流量。

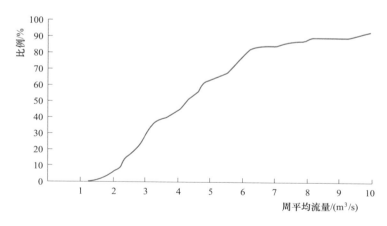

图 2.2　用流量历时曲线表示的冬季（10 月至次年 3 月）
周平均流量变化

最后，可以构建一个表格，说明水文约束的严重程度与下泄流量两者之间的关系（表2.1）。表格左下方（绿色区域）表示最容易做出的选择，因此在水资源使用中优先级最高。右下方（蓝色区域）涉及严重的约束，下泄流量需求较大，因此排在第二优先级。右上方（紫色区域）中的因素也需要大量的流量，但对应的约束严重程度是较弱和中度，这种情况下，栖息地措施可以作为替代选择。左上方（黄色区域）优先级最低。下文将介绍可行的流量设计方案，并阐述各种流量措施的影响量级。

上文通过建块法阐述正常年份的流量需求，也可将其应用于枯水年和丰水年。这种情况下建块反映的是不同年份特殊流量需求（如绝对最小流量、绝对最大流量和平均期望值）。建块的宽度（时间间隔）可以相同。

表 2.1 下泄流量优先级

约束程度	下泄流量		
	低	中等	高
弱	冲刷流	人造洪峰促进幼鲑降河洄游	夏季最小流量
中度		冬季最小流量	
严重	产卵水位比		

2.1.2.1 冬季和夏季最小流量

针对冬季或夏季流量为重要约束的河域，最小流量须增加多少才能对鲑鱼生长和繁殖产生有利影响？这个问题没有明确的答案。原因之一是"有利影响"无法定义。可以采用下列经验方法估算流量增加的影响：

（1）假设：由于夏季最低周平均流量增加对种群的影响与水域面积的增加成正比。换句话说，如果水域面积增加20%，鱼类生长和繁殖也增加20%。这个简便的经验方法在以下两种情况时可进一步修订：一种情况为新获得的栖息地（新的水域）比之前流态下可用的栖息地质量更好或者更差；二是增加的流量造成水温降低，减少了新水域的有利影响。

（2）冬季最低周平均流量增加的影响取决于流量本身。

①如果冬季最低周平均流量增加小于 50%，对种群的影响将增加 0.4～0.6 倍。换句话说，如果冬季最低流量增加 30%（×0.3），鱼类生长和繁殖将增加 0.3×0.4 ＝ 0.12 到 0.3×0.6 ＝ 0.18，即 12%～18%。

②如果冬季最低周平均流量增加大于 50%，对种群的影响将增加 0.1～0.2 倍。换句话说，如果冬季最低流量增加 150%（×1.5），鱼类生长和繁殖将增加 1.5×0.1 ＝ 0.15 到 1.5×0.2 ＝ 0.3，即 15%～30%。

这个经验方法可用于流量增加对种群影响的定量评估。后续评估对于验证或修订这种方法很重要。但由于缺乏内在机理，这种评估存在较高的不确定性。

2.1.2.2 产卵水位比

如果产卵水位比是鲑鱼种群约束，说明此时产卵期流量和冬季流量之间很不平衡。可采用下列两方法解决产卵水位比约束：

（1）如果可能的话，产卵期河道流量下降水平应保证鱼类在整个冬季还能在被水覆盖的区域内继续产卵。即使流量下降，主要的产卵区域仍可以利用。换句话说，这些区域不能干涸，水深不能过浅，流速不能过低（章节 2.4.2 的约束值）。当冬季流量为严重的约束因素，并且冬季流量增加造成的用水量较高时，这种方法尤其适用（表 2.1）。

（2）增加冬季流量。如果冬季流量增加可促进鱼苗和仔鱼在冬季的存活率，则考虑采用这种方法。当冬季流量为严重的约束因素，并且用水量少或中等时，这种方法尤其适用（表 2.1）。

以上两种方法如果能把水位减小量控制在 30cm 以内（表

1.8），就可以大幅度减少约束因素的影响。

2.1.2.3 根据情景下泄流量

有两种类型的流量下泄不需要每年都进行，或者不需要在规定日期内进行。这两种行为被称为"根据情景下泄"。分别是为了保证幼鲑降河洄游的高流量，和实施"人造洪峰"以维持河域内的栖息地生境质量。如果幼鲑降河洄游期间的流量成为约束因素，则可以在这期间下泄更多流量，刺激幼鲑降河洄游。不过，只有当天然径流和水库下泄流量相对较低且稳定的时候，这种下泄过程才是必要。如果天然径流和水库下泄流量很高且不断变化，则不宜下泄。可在幼鲑降河洄游期过半时，查看流量状态，以决定是否继续下泄。

下泄过程准则的示例如下（表1.10）：

（1）流量较高（平均超过调度前的80%），变差系数（C_V）＞50%——不需要泄水。

（2）流量中等偏高（为调度前的50%～80%），C_V值25%～40%——实施一次泄水行为。

（3）流量较低（低于调度前的50%），C_V＜20%——间隔一周实施两次泄水行为。

这个示例仅为概念性介绍，实际应用过程中，此类准则的建立必须结合当地条件和调度程度。下泄流量过程需尽可能选择合适的天气条件（最好是阴天或雨天），并适合天然流量的变化（最好在天然流增加时）。下泄流量导致的下游流量增加（包括天然流量增加）必须大于初始流量的30%。

如果洪水发生频率的下降，导致鱼类生活的栖息地中的孔隙被淤积和阻塞，进而造成栖息地环境恶化，则每年或更长时间下泄一次冲刷流量是一个明智之举。这种类型的流量下泄能够加强天然洪峰流量（通常在春天或秋天）。例如，规定每三年实施一次流量下泄，且只有在流量条件符合时实施。这种类型的流量下泄必须在河流内形成一次洪峰，相当于一次 1.5～2 年一遇的洪水（调度前出现的最大年平均流量），足以扰动和搬迁河床底质。如果在此期间发生了天然洪水，就不必开展这种类型的流量下泄。

与促进幼鲑降河洄游的下泄流量相同，这类流量下泄准则也必须适合当地条件。禁止在鱼苗刚从底质的缝隙中钻出时，以及之后的三周内（章节 1.3.6）实施流量下泄。由于沉积过程和植被生长具有自我强化效果，冲刷流量的大小取决于下泄流量和天然洪水的频率。两次冲刷流量之间，如果间隔时间较长，将增加下泄水量需求。如果河流中沉积物的组成来自不受调节的支流和其他来源，例如农业生产的径流，则沉积物组成也会影响对冲刷流量的需求。在一些河流中，冰凌阻塞及其冲刷有助于搬迁移动河床的沉积物，此时将不需要实施冲刷流量。因此，冲刷流量的大小，需根据每条河流具体情况设定。

根据情景实施泄水也将改善垂钓条件，本手册未纳入此类内容。

2.1.3 改扩建

"改扩建"可以理解为电力生产系统的增效扩容和鲑鱼生长及繁殖区域的扩大。改扩建为采取新的减缓措施奠定了基础，对电力生产和鲑鱼生长和繁殖都将产生积极影响。

在挪威，为了垂钓而增加鲑鱼活动面积是一种长期的传统，尤其是天然河流。目前，环保部门一般对这种改扩建控制得比过去更严格。然而，这并不意味着不能扩大鲑鱼活动的范围，在筑坝河流上采取此类措施仍然是可行的。这种改扩建包括支流或干流存在鱼类洄游障碍物的河域，通过采取促进鱼类溯河和降河洄游的措施，减缓对筑坝的影响。如果需要利用这些区域，必须向环保部门提交申请。通常情况下，开发此类区域需要考虑以下问题：

（1）鲑鱼（也包括棕鳟）的引入对河域中其他鱼类种群（生态角度）和垂钓活动（社会经济角度）可能产生的影响。

（2）对生物多样性的潜在影响，即鲑鱼的引入对生态系统的影响。

（3）鱼类疾病可能导致的问题。

（4）管理制度修改（从内陆鱼到鲑鱼）带来的影响。

除了开发新的区域，在某些情况下可能会重新开放过去的河道，以增加可用的鲑鱼生长和繁殖区域（章节 2.4.1）。

电厂增效扩容可行方案并非本手册内容。本手册讨论的前提是能源和环保部门已经指明现有电厂增效扩容的可能性，尤其是在许可证重新核发过程中。通常情况下，现有电厂增效扩容对已经受到筑坝影响的河流，很少或几乎无额外影响。增效扩容方式如下：

（1）提供更具灵活性的流量条件和更大的库容，有利于下泄环境流量。

（2）提供更好的年内水资源配置。

（3）提供不造成电力生产重大减产的下泄水量。

与增效扩容相关的措施包括：

（1）从相邻流域调水，并将其中一部分分配给流域内河流，用于环境保护。

（2）安装小型发电厂，增加下泄流量，提供对鲑鱼有益的最小流量条件。

（3）针对水量调出区域，安装小型发电厂，下泄环境流量。

（4）增加可利用高流量和洪峰流量的主电厂生产能力，并确保其更具灵活性，以更好地应对气候变化和低流量条件下的电力生产，并可以补偿最小流量增加带来的电力损失。

根据当地情况，电力生产系统增效扩容可以产生"双赢"

（更多鲑鱼、更多电力）、"有利益无损失"和"利益最大损失最小"等不同结果。当然，某些增效扩容会产生对环境和区域社会经济的其他影响，可采用常规技术方法进行评估。

2.1.4 水协商

"水协商"是指，基于电厂运行管理方式和下泄流量条件，寻求水资源配置和利用的最佳方式，其目的是有利于鱼类生长、繁殖和电力生产。

基于鱼类种群生长与繁殖条件和约束因素分析成果（总结见表1.17）、电力生产系统特征（包括限制条件和增效扩容机会）（表1.18），以及应用建块法识别的下泄流量方案（图2.1），水协商采取的主要方式包括：

（1）明确流量下泄周期，识别对电力生产和鲑鱼生长、繁殖均无重大影响的时间段，看能否利用这些时间段调出一部分水量。

（2）评估增加的电力产量或者重要地区和重要时段内增加的下泄水量与下游流量是否可以进行交易。

（3）识别在某段河流采用自然措施可获得与流量下泄相同的效果，如果可行，可将下泄流量调至其他区域或改变下泄时段。

（4）调查水库蓄水的限制条件是否对鲑鱼活动河域带来不利影响，开展水库和河流整体影响评估过程中，是否可以修改这些限制条件。

2.2 栖息地保护措施

栖息地保护措施是水资源利用的替代方案。当流量约束因素导致的下泄流量需求过大时，栖息地保护措施对于减轻与消除这种情况非常重要（表 2.1）。需要指出的是，如果流量约束过于严重，栖息地措施未必发挥作用，这种情况下需要综合采用下泄流量和栖息地两种措施。

采取栖息地保护措施是为了减少栖息地对鲑鱼生长的限制，此类措施要立足于对栖息地约束因素的识别（整体诊断见表1.17）。这些措施可应用于微观层面，也可用于中观层面，例如保护产卵场或庇护所（章节 2.4.1～章节 2.4.3），还可应用于综合性项目层面，例如拆坝或"河中河"发展计划（章节 2.4.4～章节 2.4.5）。广泛应用的栖息地措施规划原则明确如下：

（1）针对由于缺乏产卵场而导致鲑鱼生长和繁殖能力低下的河域，可以修复现有产卵区域（章节 2.4.1）或人工铺设新的产卵砾石层（章节 2.4.2），特别是针对连续河段内产卵场缺乏均为主要栖息地约束因素的河域（表 1.17）。

（2）针对由于缺乏仔鱼庇护所而导致鲑鱼生长和繁殖能力低下的河域，可以修复被淤积的栖息地（章节 2.4.1），或通过在河床上人工铺设岩石创建新的庇护所（章节 2.4.3），特别是针对连续河段内庇护所均为主要约束因素的河域。然而，由于仔鱼的活动距离较远，与产卵场改善措施相比，庇护所改善措施的难度更大。

（3）栖息地保护措施的效果可根据实施后河域和河段生产力（例如假定为类别 1、2、3）的提高程度进行评估。如果能获得与生产力相关的种群数据（如仔鱼或稚鲑的密度），也可以根据幼鲑密度评估这些措施的实施效果。如果缺乏本地种群数据，可以类比下列其他河流中幼鲑生长经验数据进行估算：

1）低生产力河域（类别 1）：2～4 条幼鲑/100m²。

2）中生产力河域（类别 2）：5～9 条幼鲑/100m²。

3）高生产力河域（类别 3）：7～13 条幼鲑/100m²。

在某些情况下，水库运行调度引起的栖息地变化较大，相应

的保护措施也更复杂。人工建设大坝或其他障碍物的水域，或者
河床宽阔的流量调出区域，更适合采取栖息地保护措施。主要原
因在于，河域内水流缓慢，形成浅水区域，不利于鲑鱼活动。经
验表明，拆除（章节 2.4.4）最小流量河域中修建的大坝，是有
效的保护措施。但有时大坝可形成较深的水域，为鱼类产卵提供
重要的庇护场所。如果拆除所有大坝，将导致仅有少量很小的深
潭存在，因此，应该考虑保留一些大坝。如果拆除大坝后的河
域，仍然存在水流缓慢和水深较浅的问题，或者引水发电后，下
游原有宽阔河床流量锐减，可以考虑建造一个"河中河"，将原
有河道变窄，并在河道内修建蓄水、急流和缓流等河段。

　　由于粒径较小的沉积物将逐渐沉积在大坝底部、缓流及浅滩
河域，为了形成产卵区域和庇护所（章节 2.4.1～章节 2.4.3），
需要采取额外的保护措施。如上所述，通过对比保护措施实施前

照片 2.3　Ulrich Pulg 拍摄

后鱼类生产力的变化，可匡算措施效果。如果与流量相关的约束因素没有受到足够重视，栖息地保护措施效果有可能下降。

2.3 全面行动方案

本手册提出的保护方法基于对鲑鱼种群约束因素的识别，设计减缓方案是为了减轻或去除这些约束因素。对鲑鱼生长和繁殖以及电力生产的约束因素将一直存在，因此有必要从系统角度采取全面行动方案，避免解决了一个约束因素，又产生了其他约束因素。

好的行动方案通常将栖息地保护措施和水资源利用相结合，

照片 2.4　Atle Harby 拍摄

这就需要反复不断地评估减缓措施（"情景"）。换句话说，采用情景分析方法，估算并比较不同行动方案实施前后，对鲑鱼生长和繁殖的影响。鲑鱼生长和繁殖尽可能采取定量估算方法（表示成数字或变化的百分比），具体方法参见之前章节所述的经验法则和方法。在水资源利用中，建议情景分析中应用现有标准（例如：环境流量或其他环境相关排放）。水资源利用变化将影响电力生产和企业盈利能力，发电设备增效扩容也需要资金投入，并影响电力生产。有时，全面行动方案的投资和运营成本很高，不切实际，则需要不断寻求不同情景替代方案。

替代情景方案比较分析时，需要得到不同方案对电力生产和企业盈利能力的影响数据，建议采用电力生产仿真模型估算。估算过程应由对能源市场和模型工具使用都具有足够经验的研究人员操作，但多数时候为企业电力生产规划人员。

2.4 保护方法

2.4.1 冲刷被淤塞的砾石堆和幼鲑栖息地

当河床上适于产卵（章节 2.4.2）和仔鱼发育的砾石堆或卵石堆淤积或长满植物淤塞时，冲刷河床是恢复产卵场和庇护所的有效缓解措施（图 2.3）。实践中，主要应用挖掘机开挖沉积物。如果在淤积或植被生长早期阶段，可以考虑使用高压软管或耙子，开挖或松动砾石层。开挖行为可模拟天然洪水作用，使粒径较小的沉积物被冲走，只留下干净和松散的砾石。除非清理了淤积源和植被，否则这种方法需要后续不断维护。采用导流墙（见下文）可减少小粒径沉积物和水污染，有利于形成易于产卵和幼鲑发育的水力条件，延长维护间隔时间。

图 2.3　冲刷砾石层示例（挪威 Sogn og Fjordane 县 Aurlandselva 河）

2.4.2 铺设砾石产卵场

如果缺乏合适的产卵底质，而且不适合进行大规模的河流保护，则可以通过人工铺设底质形成新的产卵区域。经验表明，如果操作正确，这种保护措施可获得较好效果且成本较低。人工铺设底质的优点在于，可以控制铺设砾石的位置，增加河流中产卵场的范围及其分布。该方法可提高鱼类在低流量脱水区域或者洪水冲刷区域的产卵安全性。

人工铺设底质的缺点在于，如果铺设位置不合适，可能出现砾石淤积或冲刷。经验表明，被冲走的砾石一般迁移至开阔区域，无法建立新的产卵场。有时被冲走的产卵场底质还会搁浅在河床上，形成脱水区域。鲑鱼在这些区域产卵后，冬季流量下降，这些区域可能变干涸，对鱼卵发育造成较大风险。如果在受精卵发育和鱼苗刚孵化时出现砾石堆冲刷，将造成受精卵大量损失的风险。此时，这种保护措施将导致与预期相反的结果。好的保护措施规划，有助于避免出现此类现象。另一方面，砾石层中必须存在足够的涌流，以保证受精卵有足够的氧气供应，并防止泥沙淤积和植被生长。因此，人工铺设底质的规划和设计过程中，必须考虑水文条件和鲑鱼产卵要求（图 2.4）。尤其要考虑以下因素：

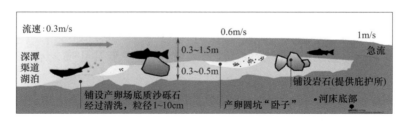

图 2.4　重建的鲑鱼产卵场典型特征剖面图

（1）产卵区域必须足够坚固，可承受正常年份洪水的冲刷，

69

十年一遇洪水是最低要求。冲刷应尽量避开孵育期（10 月至次年 7 月）。

（2）产卵区域必须能接触到一定的涌流，以保证受精卵有足够的氧气和水量供应，并减少细颗粒沉积物的淤积和植被生长。

（3）产卵区域不能在孵育期（10 月至次年 7 月）出现低流量脱水。

（4）水深和当前流速必须满足鲑鱼产卵场的要求。适宜水深为 30～150cm，适宜流速为 30～60cm/s。良好的产卵区域一般位于深潭和渠道边缘的浅出水口，这些区域流速刚开始提高。

（5）产卵场砾石成分中，不同粒径分布需要符合一定比例，例如：8～16mm，20%；16～32mm，60%；32～64mm，20%（见下文关于产卵场砾石的细节）。

正确的粒径分布比例是人工铺设底质成功的关键。由冰碛或冲积源形成的圆形砾石碎屑较好。砾石粒径比例取决于鲑鱼体长和水文条件，经过筛选，可获得适宜砾石。砾石不能由单一粒级组成，而是不同颗粒大小的混合物。对鲑鱼而言，砾石组成应为：8～16mm、16～32mm 和 32～64mm，比例分布见上文。但是，如果产卵鱼体较长，或者产卵场被侵蚀的风险较高，砾石可偏重于粗粒径。这与河床坡度和水流流动状态有关。细粒径砾石（<1mm）尽可能少。如果砾石表面很"脏"，或含有大量的细粒径沉积物，则在铺设入河之前冲刷或清洗。

砾石铺设建议在枯水期进行，此时水位较低，易于入水，也可保证不会铺设在易于脱水区域。理想情况下，砾石铺设要选在产卵季节之前的合适时机（最好是在冬季），既可以保证经历流量峰值，也可以确保在鱼类产卵前冲走暴露的砾石。

铺设砾石的数量和位置必须适应当地条件。如果修建一个面积 100m² 的新产卵区域，一般需要 3～5 辆卡车砾石，每辆卡车装载 10m³ 的砾石。运输距离越短越好，铺设时挖掘机采用"铲挖"方式。如果砾石无法直接倒入河中，要装进大型麻袋中，通过船或直升飞机运送，每个麻袋大约装 600～800kg 砾石。专业人员身穿潜水服和配备浮潜装备指挥施工，确保砾石铺设位置正确（图 2.5）。为了整体考量河床条件并且准确定位砾石铺设地点，可采用浮潜装备，利用水流和河床条件，确保砾石有效铺设。同时，要避免铺设砾石过多或堤岸过高，一般铺设 30～50cm 厚。砾石应铺设在较深水域或渠道较浅出水口位置，根据河床地形可进行调整，尽可能接近天然产卵区域。铺设位置现有底质分布可以作为水力学和水文条件的基础条件。如果铺设位置现存有相似粒径的砾石和卵石，铺设效果更佳。

图 2.5 使用挖掘机铺设产卵砾石（挪威 Aurlandselva 河）

砾石铺设完成后，可用铲刀或者耙子将其推开。如果产卵区域紧邻庇护所，对产卵鲑鱼和鱼苗都很有利，可通过在较大石块之间铺设碎石块达到此目的，碎石块面积在 $5\sim10m^2$ 之间。如果新建的产卵区域没有较大石块，可以在砾石铺设完后安放巨石和石块，使产卵区域成为一个开放的统一体，为鱼类产卵和栖息提供多样化生境。

通常情况仅铺设砾石还不能完全替代产卵栖息地，还需要采取多种栖息地维护措施。如果产卵区域砾石随时间逐渐被河水冲走，则需要重新铺设砾石。如果产卵区域逐渐淤积后，可清除细粒径沉积物和堵塞植物。新建产卵栖息地功能一般可维持几年到几十年不等，时间长短主要取决于当地情况。如果新建产卵区域内每年都有鱼类产卵，鱼类自身也会对栖息地进行维护，确保砾石不被泥沙和植被淤积。

2.4.3　建立庇护所

河流底质中缺少庇护所的主要原因在于，河床上有太多的细粒度沉积物，并且细颗粒物（尤其是沙）堵塞了大块岩石之间的空隙。这两种情况多发生于流速较低的河域。如何构建鲑鱼庇护所有很多经验，假设现有栖息地无法修复（章节 2.4.1），可以人工放置岩石，利用岩石之间的孔洞和缝隙为鱼类提供庇护场所（图 2.6）。如何使每立方米岩石堆中形成更多的庇护所，可采用以下策略：

（1）铺设导流墙。导流墙（岩脊）的铺设从河岸延伸到河中央，可减轻侵蚀。搭配不同大小的岩石可以为幼鱼提供良好的栖息地。岩石本身可作为庇护所，导流墙形成的区域水流直达水面。导流墙侧面坡度不宜过陡（推荐为 1∶1.5～1∶2），纵向梯度取决于当地情况，可设为 1∶15～1∶200。正常流态下，导流墙淹没于河面下，其构造可抵御 50 年一遇的洪水。导流墙外层

图 2.6　砾石铺设示例，为了形成鱼类庇护所和多样化的水力学环境
（挪威 Rogaland 县 Frafjordelva 河）。Ulrich Pulg 拍摄

保护层由直径 0.4～0.7m 的石块堆砌而成。导流墙内石块的大小要适应水下压力。为了达到最佳耐侵蚀目的，导流墙长度应小于洪水期水深的 3 倍，或河流宽度的 1/4。但是，如果针对幼鱼栖息地，导流墙长度可进一步延长。相邻导流墙之间的距离取决于当地地形条件，一般为导流墙长度的 3～10 倍。导流墙与上游中心线的夹角越大，发挥的作用就越大，越有利于改变水流形态。导流墙可使河水流速增加，减少细颗粒物的沉积，在流速中等和较高的河域，导流墙更为适用。

（2）岩石丛。岩石丛由 3 块以上，且每块直径为 0.7～1.5m 的较大岩石，与分布在其周围的较小岩石（直径 0.3～0.5m）共同组成。在水流缓慢、水深较深的河域适合采用这种措施。

（3）纵向岩脊建设。岩脊由直径 0.4～0.6m 的岩石排列而成，固定在河床上，平行于水流方向，位于水面下方，纵向长度相对较长。岩脊的横断面设计为圆拱型，底部宽约 100cm，坡度约为 45°，以防止细粒度沉积物沉积和堵塞岩石间的孔洞。在流速中等的河域，这种方法最为理想。

（4）建造单石堰。单石堰一般选取直径 0.4～0.6m 的岩石，起支撑固定作用应选取较大岩石。单石堰的排列类似蜂巢结构，布设于正常水位线以下。通过调整单石堰的位置和露出水面的高度，可以控制水流形态，进而防止沉积物积聚和促进鲑鱼向上游产卵。这种方法适用于中高流速的河域（图 2.7）。

（5）河域栖息地最优保护方案一般是上述四种方法的组合应用，确保保护后的河床更接近天然条件下幼鱼栖息地，并具美学效果。河岸带新种植的植被，包括以前被清理的枯死的树干、树枝和树根，都有利于栖息地保护，尤其是在支流和小型河流中（图 2.8）。

图 2.7　河域中众多单石堰为鲑鱼种群创造了动态的水力环境

和数量众多的庇护场所

（挪威 Hordaland 县 Sima 河）Ulrich Pulg 拍摄

图 2.8　用树枝和枯木为幼鱼（这里是鳟鱼）建造庇护所
栖息地的示例。Ulrich Pulg 拍摄

2.4.4　拆除大坝，恢复天然状态下沉积物的输移

　　如果人工障碍物是影响产卵和幼鱼生长条件的原因，最有效
的保护办法是恢复原有河道，拆除大坝，确保沉积物自然沉降。
例如，大坝建设改变了河流水深和流速，破坏原有产卵场，使其
无法满足产卵栖息地要求。由于大坝上游回水沉积区，导致庇护
所数量下降。人工大坝主要目标在于蓄水和美学等，很少或根本
没有考虑过生物要求。多项研究表明，拆除大坝或降低大坝高度
有利于重建或改善产卵场和幼鱼栖息地（图 2.9）。由于拆除后河
流流速增加，恢复了河床砾石随水流迁移的作用，进而刺激鲑鱼
产卵，改善下游鲑鱼产卵条件。类似方法还包括铺设渠道和石
块，或者其他自然干预措施。水力条件是这些措施规划阶段的重
要因素。通过优化栖息地质量和水域面积，可实现预期的鱼类产
卵及生长目标。建议应用基于地形和流量数据的水力学模型作为
规划工具。小型大坝和其他水工建筑物拆除后，可进行现场保
护。如果没有合适的产卵底质，现场保护可铺设砾石。

图 2.9 拆除混凝土大坝后，河域重新适合鲑鱼的生长

2.4.5 河道重新设计——河中河

减脱水河域的流量已无法适应河流内生物要求。河域内自然环境通常表现为流速较低、浅滩较多和大量泥沙沉积。通过限制河道宽度、引入急流和蓄水等河流形态保护措施，重新设计河道，可以缓解减脱水河域的不利影响。这些保护措施称为"河中河"。利用导流墙、岩石和其他结构可以缩减河道宽度，并增加河流弯曲程度。章节 2.4.1～章节 2.4.4 阐述的方法，均可以与缩减河道宽度联合应用。"河中河"措施可确保河道宽度显著下降，适宜在流量大幅减少的河域内实施。当河域遭受自然洪水和

河岸溢流时，这种措施需要及时维护。图 2.10 展示了一个"河中河"措施的示例，来自挪威 Nord - Trøndelag 县 Stjørdal 河流支流 Dalåa 河。整治前流量大幅降低，露出宽阔的河床。整治后河道宽度变窄，弯曲程度增加，急流和蓄水交替出现。

图 2.10　"河中河"措施示例。Knut Alfredsen 拍摄

参 考 文 献

[1]　Aas Ø, Einum S, Klemetsen A, Skurdal J. Atlantic Salmon Ecology [M]. Oxford: Blackwell Publishing Ltd, 2011.

[2]　Alfredsen K, Harby A, Linnansaari T, et al. Development of an inflow – controlled environmental flow regime for a norwegian river [J]. River Research & Applications, 2012, 28 (6): 731 – 739.

[3]　Armstrong J D, Nislow K H. Modelling approaches for relating effects of change in river flow to populations of Atlantic salmon and brown trout [J]. Fisheries Management & Ecology, 2012, 19 (6): 527 – 536.

[4]　Arnekleiv J V. Evaluering av celleterskler som avbøtende tiltak. Rapport Miljøbasert Vannføring 6 (An assessment of cell weirs as a compensating measure. Report – Environmentally – based Flow and Discharges 6, in Norwegian) [R]. Oslo: The Norwegian Water Resources and Energy Directorate (NVE), 2012: 74.

[5]　Barlaup, B T, Gabrielsen S E, Skoglund H. Addition of spawning gravel – A means to restore spawning habitat of Atlantic salmon (Salmo salar L.), and anadromous and resident brown trout (Salmo trutta L.) in regulated rivers [J]. River Research and Applications, 2008, 24: 543 – 550.

[6]　Dunbar M J, Alfredsen K, Harby A. Hydraulic – habitat modelling for setting environmental river flow needs for salmonids [J]. Fisheries Management & Ecology, 2012, 19 (6): 500 – 517.

[7]　Einum S, Forseth T, Barlaup B T. Phenotypic plasticity in physiological status at emergence from nests as a response to temperature in Atlantic salmon (Salmo salar) [J]. Canadian Journal of Fisheries & Aquatic Sciences, 2011, 68 (8): 1470 – 1479.

[8]　Einum S, Nislow K H, Reynolds J D, et al. Predicting Population Responses to Restoration of Breeding Habitat in Atlantic Salmon [J]. Journal of Applied Ecology, 2008, 45 (3): 930 – 938.

［9］ Fergus T，Hoseth K A，Sæterbø E. Vassdragshåndboka. Håndbok i vassdragsteknikk. （The river system handbook. A manual for river system engineering，in Norwegian） ［M］. Norway：Tapir Akademiske forlag，2010.

［10］ Finstad A G，Einum S，Ugedal O，et al. Spatial Distribution of Limited Resources and Local Density Regulation in Juvenile Atlantic Salmon ［J］. Journal of Animal Ecology，2009，78 （1）：226－235.

［11］ Fjeldstad H P，Alfredsen K，Boissy T. Optimising Atlantic salmon smolt survival by use of hydropower simulation modelling in a regulated river ［J］. Fisheries Management & Ecology，2014，21 （1）：22－31.

［12］ Fjeldstad，H P，Alfredsen K，Forseth T. Atlantic salmon fishways： The Norwegian experiences. Vann volum，2013，48 （2）：191－204.

［13］ Fjeldstad H P. Atlantic salmon Migration Past Barriers ［D］. Trondheim，Norway：NTNU，2012.

［14］ Fjeldstad H P，Barlaup B T，Stickler M，et al. Removal of weirs and the influence on physical habitat for salmonids in a norwegian river ［J］. River Research & Applications，2012，28 （6）：753－763.

［15］ Fjeldstad H P，Uglem I，Diserud O H，et al. A concept for improving Atlantic salmon Salmo salar，smolt migration past hydro power intakes ［J］. Journal of Fish Biology，2012，81 （2）：642－663.

［16］ Foldvik A，Teichert M A K，Einum S，et al. Spatial distribution correspondence of a juvenile Atlantic salmon Salmo salar cohort from age 0＋ to 1＋ years. ［J］. Journal of Fish Biology，2012，81 （3）：1059 －1069.

［17］ Forseth T，Robertsen G，Gabrielsen S E，et al. Tilbake til historisk smoltproduksjon i Kvina. En utredning av mulighetene （A return to historical smolt production at Kvina. A discussion of potential opportunities） ［R］. NINA Rapport no. 847，2012：60.

［18］ Harby A. Modeller for simulering av miljøkonsekvenser av vann-kraft. Rapport Miljøbasert Vannføring 5 （Models for the simulation of the environmental impacts of hydropower projects. Report － Environmentally－based Flow and Discharges 5，in Norwegian） ［R］. Oslo. The Norwegian Water Resources and Energy Directorate （NVE），2009：53.

[19] Hedger R, Sundt - Hansen L E, Forseth T, et al. Modelling the complete life - cycle of Atlantic salmon (Salmo salar L.) using a spatially explicit individual - based approach [J]. Ecological Modelling, 2013, 248 (1751): 119 - 129.

[20] Hvidsten N A, Johnsen B O, Jensen A J, et al. Orkla - et nasjonalt referansevassdrag for studier av bestandsregulerende faktorer hos laks. Samlerapport for perioden 1979 - 2002. (Orkla - a Norwegian reference river system for studies related to factors regulating salmon populations. Compilation report for the period 1979 - 2002) [R]. NINA Scientific Report no. 79, 2004: 96.

[21] Jonsson B, Jonsson N. Ecology of Atlantic salmon and Brown Trout: Habitat as A Template For Life Histories [M]. Springer, 2011.

[22] Johnsen B O, Arnekleiv J V, Asplin L, Barlaup B T. Effekter av vassdragsregulering på villaks. Kunnskapsserien for laks og vannmiljø 3. Kunnskapssenteret for Laks og Vannmiljø, Namsos. (The impact on wild salmon of river regulation. Science series - salmon and aquatic environments 3. Knowledge Centre for Salmon and Aquatic Environments) [M]. Norway: Namsos, 2010.

[23] Killingtveit A. Hydropower Development. Book series in 17 volumes [M]. Trondheim: Norwegian University of Science and Technology, 2005.

[24] Maddock I, Harby A, Kemp P, et al. Ecohydraulics: An integrated approach [M]. Wiley - Blackwell, 2013.

[25] Næsje T F, Fiske P, Forseth T, et al. Biologiske undersøkelser i Altaelva. Faglig oppsummering og kommentarer til forslag om varig manøvreringsreglement (Biological investigations of the Altaelva river. A scientific summary and comments to the proposal to introduce permanent power plant operation regulations) [R]. NINA Report no. 80, 2005: 99.

[26] Nislow K H, Armstrong J D. Towards a life - history - based management framework for the effects of flow on juvenile salmonids in streams and rivers [J]. Fisheries Management & Ecology, 2012, 19 (6): 451 - 463.

[27] Pulg U, Barlaup B T, Sternecker K, et al. Restoration of spawning habitats of brown trout (salmo trutta) in a regulated chalk stream

[J]. River Research & Applications, 2011, 29 (2): 172 - 182.

[28] Saltveit S J, Åge Brabrand. Incubation, hatching and survival of eggs of Atlantic salmon (Salmo salar) in spawning redds influenced by groundwater [J]. Limnologica, 2013, 43 (5): 325 - 331.

[29] Saltveit S J, Bremnes T. Effekter på bunndyr og fisk av ulike vannføringsregimer i Suldalslågen. Sluttrapport. Suldalslågen (The impacts of various flow regimes on bottom - dwelling organisms and fish in the Suldalslågen river system. Final Report. Suldalslågen) [R]. Environmental Report no. 42, 2004: 157.

[30] Saltveit S J. Økologiske forhold i vassdrag – konsekvenser av vannføringsendringer. En sam – menstilling av dagens kunnskap. (River system ecology – the impacts of changes in flow conditions. A compilation of current knowledge, in Norwegian) [M]. Oslo: The Norwegian Water Resources and Energy Directorate (NVE), 2006.

[31] Skoglund H, Einum S, Forseth T, et al. The penalty for arriving late in emerging salmonid juveniles: differences between species correspond to their interspecific competitive ability [J]. Functional Ecology, 2012, 26 (1): 104 - 111.

[32] Skoglund H, Einum S, Robertsen G. Competitive interactions shape offspring performance in relation to seasonal timing of emergence in Atlantic salmon [J]. Journal of Animal Ecology, 2011, 80 (2): 365 - 374.

[33] Skoglund H. Seasonal timing of emergence from nests – Effects of temperature and competition on offspring performance in salmonid fishes [D]. Norway: University of Bergen, 2011.

[34] Teichert M A K, Foldvik A, Forseth T, et al. Effects of spawning distribution on juvenile Atlantic salmon (Salmo salar) density and growth [J]. Canadian Journal of Fisheries & Aquatic Sciences, 2011, 68 (1): 43 - 50.

[35] Teichert M A K, Kvingedal E, Forseth T, et al. Effects of discharge and local density on the growth of juvenile Atlantic salmon Salmo salar [J]. Journal of Fish Biology, 2010, 76 (7): 1751 - 1769.

[36] Teichert M A K. Regulation in Atlantic salmon (Salmo salar): The interaction between habitat and density [D]. Trondheim, Norway: NTNU, 2011.

[37] Teichert M, Einum S, Finstad A G, et al. Ontogenetic timing of density dependence: location - specific patterns reflect distribution of a limiting resource [J]. Population Ecology, 2013, 55 (4): 575 - 583.

[38] Vaskinn K A. Temperaturforhold i elver og innsjøer. Tiltak for regulering av temperatur. Simuleringsmodeller. Rapport Miljøbasert Vannføring 3 (Models for the simulation of the environmental impacts of hydropower projects. Report - Environmentally - based Flow and Discharges 5, in Norwegian) [R]. Oslo. The Norwegian Water Resources and Energy Directorate (NVE), 2010: 89.

跋

挪威水电开发历史悠久。截至 2016 年底，挪威水电发电量已超过其全国总发电量的 95％，是全球水电比重最高的国家之一。针对水电规划、设计、施工及运行过程中的生态环境保护问题，挪威也取得了丰富的经验。这些经验可为我国实现可持续水电发展提供借鉴和参考。

挪威科技工业研究院能源研究所（SINTEF Energy Research）是挪威重要的新能源研究机构，研究领域涉及新能源开发技术、全球气候变化及适应性管理、水电开发及运行过程中的生态环境保护等多方面。2013 年，我们与 SINTEF Energy Research 共同承担了挪威研究理事会资助项目"中挪可持续水电发展对比研究"的工作，并针对筑坝河流鱼类保护工作进行了深入探讨。

鲑鱼养殖是挪威的重要产业，鲑鱼物种保护和可持续利用被列为挪威环境保护的优先领域。为了更好地实现水电开发和运行过程中对鲑鱼的保护，*Handbook for environmental design in regulated salmon rivers* 于 2014 年 8 月正式出版。该书详细介绍了筑坝河流鲑鱼种群保护的工程措施和技术方法，即通过对水电开发等人类活动及筑坝所在河段予以有效地设计和管理，达到保护河流自然景观、栖息地多样性和鲑鱼物种延续的多重目标。

作为"中挪可持续水电发展对比研究"的重要内容，我们翻译并出版了该书，即现在的《筑坝河流鲑鱼保护环境设计手册》。翻译出版本书，旨在引进挪威鲑鱼环境保护设计成果，为我国筑坝河流鱼类保护提供可参考的经验案例。

本书的翻译工作得到了原作者的大力支持，在此表示衷心的感谢。感谢"中挪可持续水电发展对比研究"课题组所有成员的辛勤劳作！课题还得到了水电水利规划设计总院王东胜教高、北京中水科总公司监测事业部孙建会主任的大力支持和悉心指导，在此表示衷心的感谢！感谢中国水利水电出版社各位编辑的辛勤付出！

鉴于译者知识和水平所限，书中缺点和错误在所难免，恳请读者批评指正。

译者
2017 年 9 月